机械装备机构设计100例

张豪　王琪冰　张天泳　编著

机械工业出版社

《机械装备机构设计100例》中的案例都经过了精挑细选，并进行了认真分类。全书共分7章，第1章非标机械装备，第2章包装机械，第3章自动装配机械，第4章零部件加工设备，第5章检测仪器与设备，第6章锡钎焊机械，第7章升降及移送装置。读者可以按照所在行业参阅相关章节，借鉴相关结构，形成自己的设计。希望本书能对读者有所帮助。

本书可供机械工程师、机械技师、自动化工程师，以及技术工人使用，也可供与机械相关专业的大中专学生参考。

图书在版编目（CIP）数据

机械装备机构设计100例/张豪等编著. —北京：机械工业出版社，2022.10
（2025.1重印）
ISBN 978-7-111-71454-5

Ⅰ.①机… Ⅱ.①张… Ⅲ.①机械设计 Ⅳ.①TH122

中国版本图书馆CIP数据核字（2022）第153789号

机械工业出版社（北京市百万庄大街22号　邮政编码100037）
策划编辑：孔　劲　　　　责任编辑：孔　劲　王　良
责任校对：闫玥红　贾立萍　封面设计：马精明
责任印制：常天培
北京机工印刷厂有限公司印刷
2025年1月第1版第4次印刷
184mm×260mm·13.75印张·334千字
标准书号：ISBN 978-7-111-71454-5
定价：69.00元

电话服务　　　　　　　　网络服务
客服电话：010-88361066　机　工　官　网：www.cmpbook.com
　　　　　010-88379833　机　工　官　博：weibo.com/cmp1952
　　　　　010-68326294　金　书　网：www.golden-book.com
封底无防伪标均为盗版　机工教育服务网：www.cmpedu.com

序

欣闻张豪、王琪冰、张天泳编著出版《机械装备机构设计100例》一书，我感到非常高兴并愿为该书写此小序。

此书基于工业现场的实际案例，介绍了机械装备的经典结构和典型机械设备，理念新颖，视角独特，文图结合，案例翔实，内容丰富。期待此书能起到抛砖引玉的作用，达到开阔视野，启迪思维，触发创新的效果。

机械设计是各种产品设计、制造和应用的基础，也是各种自动化、智能化系统的关键。本书精选的100个经典案例，涵盖了非标机械装备、包装机械、自动装配机械、零部件加工设备、检测仪器与设备、锡钎焊机械、升降及移送装置，涉及的机械产品和应用领域非常广泛，具有非常好的参考价值。更难能可贵的是，它们均是来源于工业现场实际使用的案例，应用场景真实，实用价值很高。

科技肩负重托，创新驱动未来！愿《机械装备机构设计100例》在科技创新的百花园中，绽放出绚丽的色彩。

北京航空航天大学江西研究院院长/教授

国家智能制造专家委员会成员

"863计划"先进制造技术领域主题专家

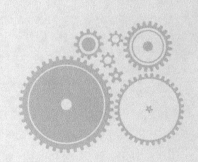

前　言

近年来，机械、电子等领域的新产品层出不穷，这对产品的创新设计提出了新的要求，相应地，机械装备的机构设计也面临着更多挑战。机械机构是机器的重要组成部分，理想的机构设计在新产品开发方面起着举足轻重的作用。作者将多年的技术经验进行了总结，精选了100种机构设计案例，撰写了《机械装备机构设计100例》，希望可以帮助从事机构设计及创新的技术人员形成自己独特的设计理念，在进行机构的创新设计时更加得心应手。

本书按照机械装备的特点进行分类，全书共7章，第1章非标机械装备，第2章包装机械，第3章自动装配机械，第4章零部件加工设备，第5章检测仪器与设备，第6章锡钎焊机械，第7章升降及移送装置。读者可以按照关注的机械种类参阅相关章节，希望书中各类案例能够对读者提升设计能力有所帮助。

本书所介绍的机构均来自生产实践，书中所讲述的每个案例都尽可能清晰地展示了相关机构的细节，这些案例可能不是最佳设计，但是均可实现所需要的功能。读者如果能够在此基础上进行改进，也是对自己设计水平的一种提高。

本书图形文件放置在百度网盘（链接：https://pan.baidu.com/s/1snrWaQRAnAm3Xx246eP-DLw，提取码：1234或扫描下方二维码下载），方便读者查阅。

本书可供机械、自动化领域的技术人员使用，也可作为高等院校、中职院校相关专业学生的参考用书。

由于作者水平有限，书中难免会有不当之处，希望读者不吝指教。

张　豪

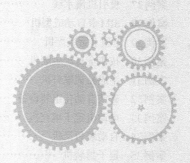

目　录

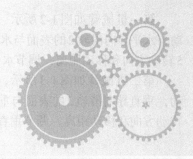

第1章

非标机械装备

案例1　笛卡儿机器人

1. 案例说明

笛卡儿机器人，又称笛卡儿坐标机器人，是一种常见的工业机器人，主要应用于数控机床，也可作为铣床或绘图机。笛卡儿机器人主体结构如图1-1所示，主要由电动机1、第一机械臂2、水平导向滑轨3、机架4、电动机5、第二机械臂6、垂直导向滑轨7和电动机8等部件组成。笛卡儿机器人的主要优势是其所有的控制轴都是线性的，而不是旋转的，具有线性控制轴的优点使它极大地简化了机器人的手臂解算。

2. 工作原理

笛卡儿机器人的基本形式是由三个"手臂"组成。每只机械臂只能沿着二维轴移动，第一机械臂位于水平面，只能向后或向前移动，第二机械臂则是垂直的，可以向上或向下移动，电动机用于控制机械臂完成既定作业。为了能为特定任务编写机器人程序，编程器必须能够对机器人进行编程，使其沿着控制轴移动，以达到各种所需的位置。确定此手臂解决方案需要对应的计算方案，因为确定相对于机器人控制轴的所需位置线性计算更容易计算，所以程序员可以使用基本的三角原理以封闭的形式执行这些计算。

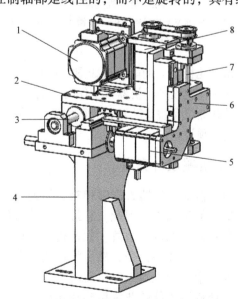

图1-1　笛卡儿机器人主体结构

1、5、8—电动机　2—第一机械臂　3—水平导向滑轨

4—机架　6—第二机械臂　7—垂直导向滑轨

3. 主要机构介绍

第一机械臂如图1-2所示，机器人工作时，电动机5通过带轮1带动水平导向滑轨2转动，水平导向滑轨2的表面与水平滑块3的内表面通过螺纹相啮合，第一机械臂4通过电动机5转动方向和移动距离，调节水平滑块3的平移方向和移动距离。

第二机械臂如图1-3所示，机器人工作时，电动机5通过带轮1带动垂直导向滑轨2转动，垂直导向滑轨2的表面与垂直滑块3内表面通过螺纹相啮合，第二机械臂4通过电动机5转动方向和移动距离，调节垂直滑块3的平移方向和移动距离。

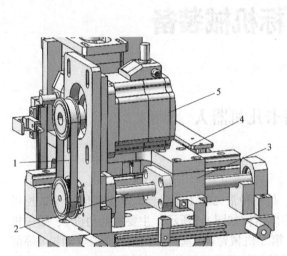

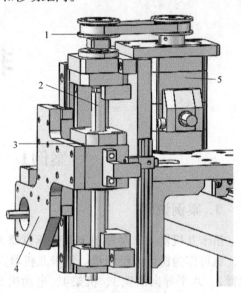

图1-2 第一机械臂

1—带轮 2—水平导向滑轨 3—水平滑块 4—第一机械臂 5—电动机

图1-3 第二机械臂

1—带轮 2—垂直导向滑轨 3—垂直滑块 4—第二机械臂 5—电动机

笛卡儿机器人的电动机如图1-4所示，可以根据机器人的用途在图1-4中的电动机1下方安装多种作业设备。机器人工作时，电动机1与安装的作业设备绕旋转轴2在垂直面进行旋转作业，达到预设目的。

4. 机械设计亮点

由于笛卡儿机器人能够相对容易地到达三维空间中的不同点，因此，它最常见的应用是作为数控机床的输出装置。数控机床使用计算机程序提取必要的命令，然后将这些命令加载到机器人中，使机器人以所需的方式工作。这些命令使机器人能够非常精确地移动，从而使

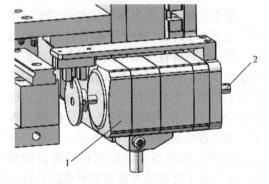

图1-4 电动机

1—电动机 2—旋转轴

笛卡儿机器人完成各种切削加工。当笛卡儿机器人以这种方式使用时，在沿X和Y平面移动时，可以将工具放在曲面上或从曲面上抬起，以创建特定的设计。

案例2　5轴工业机器人

1. 案例说明

5轴工业机器人如图1-5所示，主要由4条机械臂、底座和4台伺服电动机组成。5轴机器人能够替代人力完成各种复杂工况条件和高危有害环境下的长时间、高强度重复劳动，实现智能化、多功能化、柔性自动化生产。

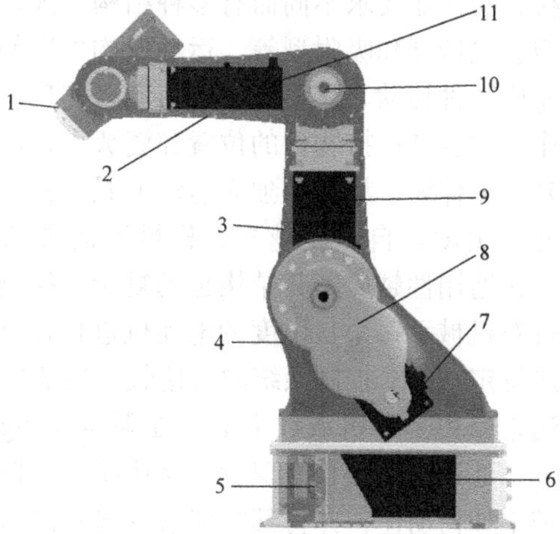

2. 工作原理

5轴机器人的基本工作原理是示教再现，即由用户导引机器人，一步步按实际任务执行情况操作一遍，机器人在导引过程中自动记忆示教的每个动作的位置、姿态、运动参数\工艺参数等，并自动生成一个连续执行全部操作的程序。完成示教后，只需给机器人一个启动命令，机器人就将精确地按示教动作，一步步完成全部操作。

3. 主要机构介绍

机器人底座结构如图1-6所示，通常固定在地面或者设备仪器上。在图1-6中，底座1内部装有伺服电动机3，驱动第四机械臂在水平面做旋转运动。

机器人第一传动机构如图1-7所示。在图1-7中，第四机械臂2中的电动机5通过第一传动机构6控制第三机械臂1。

图1-5　5轴工业机器人

1—第一机械臂　2—第二机械臂　3—第三机械臂
4—第四机械臂　5—底座　6、7、9、11—伺服电动机
8—第一传动机构　10—第二传动机构

图1-6　机器人底座

1—底座　2—内齿轮　3—电动机

图1-7　机器人第一传动机构

1—第三机械臂　2—第四机械臂　3—底座　4、5、7—电动机　6—第一传动机构

机器人第二传动机构如图1-8所示。在图1-8中，第三机械臂3中的电动机4通过第二传

动机构5控制第二机械臂1。

4. 机械设计亮点

工业机器人通常由机械手总成、控制系统和
示教系统三大部分组成。机械手是用来抓持工件
的部件，根据被抓持物件的形状、尺寸、重量、
材料和作业要求不同而有多种结构形式，如夹持
型、托持型和吸附型等。运动机构可以使机械手
完成各种转动、移动或复合运动来实现规定的动
作，改变被抓持物件的位置和姿势。运动机构的
升降、伸缩、旋转等独立运动方式，称为机械手
的自由度。自由度越多，机械手的灵活性就越
大，通用性越广，其结构也越复杂。控制系统通
过对机械手每个自由度的电动机进行控制，来完

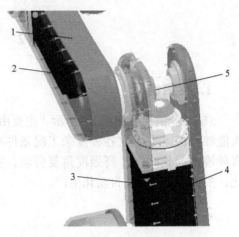

图1-8　机器人第二传动机构
1—第二机械臂　2、4—电动机　3—第三机械臂
5—第二传动机构

成特定动作。控制系统同时接收传感器反馈的信息，形成稳定的闭环控制。控制系统的核心
通常是由单片机或数字信号处理器（Digital Signal Processor，简称DSP）等微控制芯片构
成，通过对其编程实现所需要功能。示教系统通过"示教盒"或人"手把手"两种方式教机
械手如何动作，并将其全部信息送入控制系统的存储器中，然后机器人就按照记忆周而复始
地重复示教动作，示教器实质上是一个专用的智能终端。

案例3　码垛机器人

1. 案例说明

码垛机器人可以按不同的物料包装、堆垛顺序、层数等要求进行参数设置，实现不同类
型包装物料的码垛作业。码垛机器人整体结构如图1-9所示，主要由末端执行器1、第一机械
臂2、第二机械臂3、伺服电动机4、伺服电动机5、底座6、液压缸7、第一传动机构8和第
二传动机构9等部件组成。码垛机器人具有产品应用范围广，能提高工作效率，提升包装品
质，降低用人成本，优化工作环境等优点。

2. 工作原理

码垛机器人的基本工作原理是示教再现，为了教机器人如何完成某项工作，程序员会
用控制器来引导机器人完成整套动作。机器人将动作程序准确地存储在内存中，此后每当
装配线上有产品传送过来时，机器人就会反复地做这套动作。机器人的机械臂的作用是移
动末端执行器，末端执行器通常有内置的压力传感器，使末端执行器中的物体不致掉落或
被挤破。

3. 主要机构介绍

第二机械臂驱动机构如图1-10所示，主要由液压缸1驱动控制第二机械臂4在垂直平面
做旋转运动。

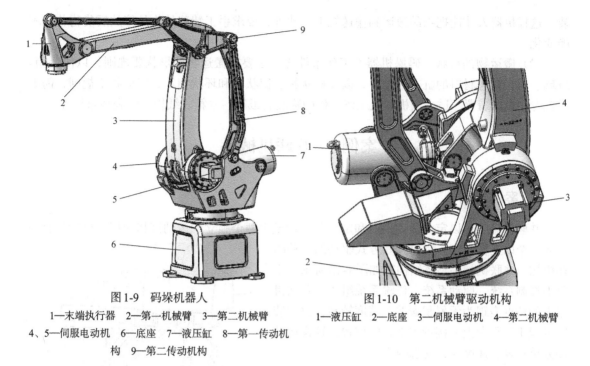

图1-9 码垛机器人

1—末端执行器 2—第一机械臂 3—第二机械臂
4、5—伺服电动机 6—底座 7—液压缸 8—第一传动机
构 9—第二传动机构

图1-10 第二机械臂驱动机构

1—液压缸 2—底座 3—伺服电动机 4—第二机械臂

　　第一传动机构如图1-11所示，由伺服电动机2驱动控制第一机械臂3在垂直平面做旋转运动。

　　第二传动机构如图1-12所示，由伺服电动机3驱动控制末端执行器1在垂直平面做旋转运动。

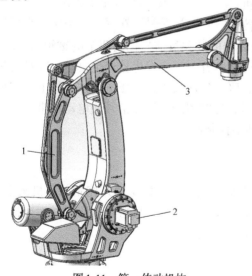

图1-11 第一传动机构

1—第一传动机构 2—伺服电动机 3—第一机械臂

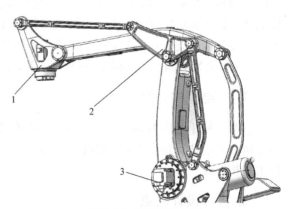

图1-12 第二传动机构

1—末端执行器 2—第二传动机构 3—伺服电动机

4. 注意事项

　　（1）搬运物条件　为了适应该机器人的工作条件，要求所搬运的物品必须是箱装和袋

装，这样机器人才能把物品搬运到输送机上。此外，要求手工装载的物品停放后货物状态不能变化。

（2）搬运物的形状 码垛机器人工作条件之一是要求搬运物的形状要规则，以便装箱。玻璃、铁、铝等材料的缸、罐之类，以及棒状物、筒状物和环状物等，因形状不规则，需要设置专用抓取装置。适合该机器人工作条件的物品有纸箱、木箱、纸袋、麻袋和布袋等。

案例4 并联机械手

1. 案例说明

并联机械手可以定义为动平台和定平台通过至少两个独立的运动链相连接，机构具有两个或两个以上自由度，且以并联方式驱动的一种闭环机构。并联机械手整体结构图如图1-13所示，主要由控制系统、驱动系统、传输系统组成。并联机器人的特点表现为无累积误差，精度较高，驱动装置可置于定平台上或接近定平台的位置，这样运动部分重量轻，速度高，动态响应好。

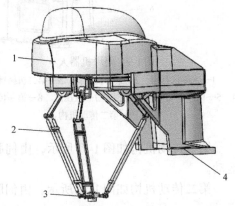

图1-13 并联机械手

1—机架 2—并联机械臂 3—末端执行器 4—底座

2. 工作原理

并联机械手的整个控制系统以工业控制计算机为中心，采用PLC（可编程序逻辑控制器）为主控单元，进行伺服控制和开关量的控制，具体包括机器人本体的伺服控制、驱动系统控制、传输系统控制和一些附属设施的控制。机械手运行时，由控制器的开关量信号控制两个电磁阀的通断，当吸盘到达待抓取物体的正上方时，真空发生电磁阀打开，真空发生器产生真空，吸盘将物体吸住，到达放置位置时，真空破坏电磁阀打开，吸盘气压高于大气压，物体被放下。传输系统主要包括电动机和两条V带，当机械手运动时，控制器给出使能信号使电动机带动V带运动，V带上装有编码器，将V带的速度实时反馈给控制器。

3. 主要机构介绍

并联机械手如图1-14所示，由安装在机架1内部的伺服电动机驱动并控制并联机械手2的起降，末端执行器3可以根据被抓持物件的形状、尺寸、重量、材料和作业要求而选择不同的结构形式。

4. 机械设计亮点

并联机械手的整个控制系统以工业控制计算机为中心，采用PLC（可编程序逻辑控制器）为主控单元，进行伺服控制和开关量的控制，具体包括机器人本体的伺服控制、视觉系统控制、气动系统控制、传输系统控制和一些附属设施的控制，使机械手多功能化。同时机器人的视觉系统通过图像摄取装置把图像抓取到，然后将该图像传送至处理单元，通过数字化处理,根据像素分布和亮度、颜色等信息,来进行尺寸、形状、颜色等的判别,进而根据判别的结果来控制现场的设备动作,使机械手更加智能化。

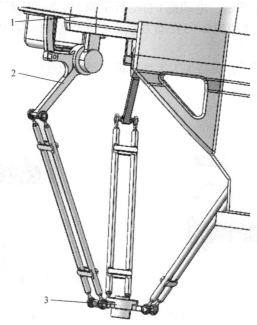

图1-14　并联机械手

1—机架　2—并联机械臂　3—末端执行器

案例5　夹紧和自动转位单元

1. 案例说明

夹紧和自动转位单元是一种结构紧凑、制造成本低的夹紧和自动转位单元,整体结构如图1-15所示,主要由电动机1、框架2、行星减速轮3、夹紧机构4、主轴5和制动机构6等部件组成。夹紧和自动转位单元具有结构紧凑,工作效率高,精确度高及制造成本低等特点。

2. 工作原理

当夹紧和自动转位单元工作时,夹紧机构将待加工的工件夹紧,在设备中输入需要加工的参数,参数设置完成后,当需要转位时,电动机转动,带动行星减速轮转动,行星减速轮连接在主轴上,从而带动主轴转

图1-15　夹紧和自动转位单元

1—电动机　2—框架　3—行星减速轮　4—夹紧机构

5—主轴　6—制动机构

动。该装置带有制动系统保证工件转位的精确性,当待加工工件转动到预设角度时,制动机构阻止主轴继续转动,从而完成待加工件的自动转位作业。

3. 主要机构介绍

行星减速轮如图1-16所示，电动机1带动行星轮2转动，从而带动太阳轮3和主轴4转动。行星减速轮利用两个锥齿轮2、3在动力带动下将力垂直传递到主轴4，同时达到了减速的目的。

制动机构如图1-17所示，当待加工工件转动到预设角度时，气缸1起动，将制动片3下压，从而阻止主轴2继续转动。

图1-16 行星减速轮

1—电动机 2—行星轮 3—太阳轮 4—主轴

图1-17 制动机构

1—气缸 2—主轴 3—制动片

夹紧机构如图1-18所示，当夹紧和自动转位单元工作时，将工件装入弹簧夹头2，起动机床，锁紧液压缸1的活塞3向左移动夹紧工件。

4. 机械设计亮点

在对旋转类零件进行加工时，如果要加工两个以上的槽或面，就要对工件进行转位，如果还有对称度和动平衡要求，就不仅要转位，还要准确分度。在加工这类工件时，通常采用加分度头或使用专用分度工装进行加工，或多次装夹加工，这些加工工艺存在以下不足：需多次装夹或人工分度，几何工差和动平衡难保证，废品率高；设备投资费用大，生产效率低。

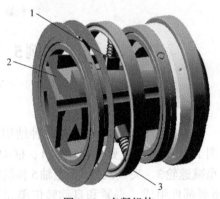

图1-18 夹紧机构

1—锁紧液压缸 2—弹簧夹头 3—活塞

夹紧和自动转位单元针对旋转类工件一次装夹就可完成两个以上槽或面的加工，避免了多次装夹产生的定位误差，能保证木工刀具等高速旋转类产品的对称度和动平衡要求，自动化程度高，可比普通铣床提高生产效率六倍多。

案例6 裁 切 机

1. 案例说明

该裁切机适用于木材的批量裁切，整体结构如图1-19所示，主要由裁切板台1、裁切板

2、导轨3、机架4、手轮5、垫板6、调高机构7和压切机构8等部件组成。压切机构包括偏心轮机构、电动机等构件。裁切机具有结构简单、维修方便、便于操作、模切精确等优点。

2. 工作原理

裁切板台和压切机构是完成裁切动作的主要装置。裁切机起动前，将裁切板固定在平整的裁切板台上，被加工木材放置于垫板的上方，通过转动手轮调节调高机构使裁切板贴合待加工木材。此时起动裁切机，裁切板台缓慢下压，电动机带动偏心轮机构转动，偏心轮机构连接着摆杆，通过摆杆运动带动裁切板做往复运动，使得裁切板与待加工木材不断地离、合、压，实现裁切。

3. 主要机构介绍

压切机构如图1-20所示，主要由偏心轮机构1、电动机2组成。电动机2提供偏心轮机构1转动时所需动力，偏心轮机构1是由轴孔偏向一边的轮盘和摆杆组成的机构，当轴旋转时，轮盘的外缘推动摆杆，使摆杆产生往复运动。

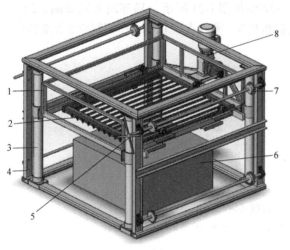

图1-19 裁切机
1—裁切板台 2—裁切板 3—导轨 4—机架 5—手轮
6—垫板 7—调高机构 8—压切机构

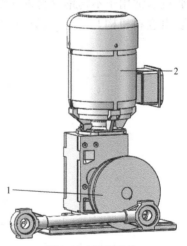

图1-20 压切机构
1—偏心轮机构 2—电动机

4. 机械设计亮点

裁切机通过增加压切机构和裁切板台，提高了裁切刀对片材切割的精度。压紧机构中设置了弹簧，弹簧能够把压紧块对片材下压过多的压力给缓冲掉，避免压紧块下压的压力过大而导致片材破损。由于切刀安装座上设置裁切板台，使得切刀安装座在下压的过程中更稳定，进而使得裁切刀下压得也更稳定，有利于提高裁切刀的裁切精度。

5. 注意事项

1）使用前必须认真检查设备的性能，确保各部件的完好性。

2）电源刀开关、锯片的松紧度要进行详细检查，操作台必须稳固，夜间作业时应有足够的照明亮度。

3）电源线路必须安全可靠，严禁私自乱拉电源线，小心摆放电源线，不要被切断。使用前必须认真检查设备的性能，确保各部件完好。

4）不得进行强力切锯操作，在切割前要待电动机转速达到全速才可切割。

5）出现不正常声音，应立刻停机检查；维修或更换配件前必须先切断电源，并等机器完全停止工作才可进行维修作业。

6）设备出现抖动及其他故障，应立即停机修理，操作时严禁戴手套操作。如在操作过程中加工过程会引起灰尘，要戴上口罩或面罩。

7）加工完毕应关闭电源，并做好设备及周围场地的清洁。

案例7 锯 管 机

1. 案例说明

锯管机通常用于不锈钢管材的切割，整体结构如图1-21所示，局部放大图如图1-22所示，主要由进料机构1、第一夹紧机构2、送料机构3、第二夹紧机构4和切割机5等部件组

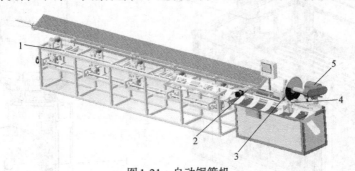

图1-21 自动锯管机

1—进料机构 2—第一夹紧机构 3—送料机构 4—第二夹紧机构 5—切割机

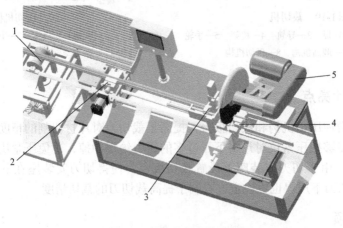

图1-22 锯管机局部放大图

1—进料机构 2—第一夹紧机构 3—送料机构 4—第二夹紧机构 5—切割机

成，锯管机具有自动化程度高、下寮误差小、工作稳定等优点。

2. 工作原理

锯管机工作时，调整送料机构高度，使其与夹紧机构高度一致，将不锈钢管材以4根为一组由送料机构导入锯管机。当不锈钢管材到达切割机的下方并超过切割机锯片指定长度时，夹紧机构夹紧不锈钢管材，切割机起动，锯片下移切割不锈钢管材。切割完成后夹紧机构松开不锈钢管材，送料机构继续抓取管材送至切割机下方并将锯好的管材顶出夹紧机构，锯管机重复上述操作从而批量锯出相等长度的管材。

3. 主要机构介绍

第一夹紧机构如图1-23所示，由气缸2驱动夹紧管材，保证管材在切割时不会因剧烈甩动而导致意外。

第二夹紧机构如图1-24所示，由气缸2驱动夹紧管材，保证管材在切割时不会因剧烈甩动而导致意外，同时使管材在切割时不会挪位，保证不锈钢管材切割的精确性。

切割机如图1-25所示，由电动机3驱动，通过带轮2带动锯片1转动切割不锈钢管材。

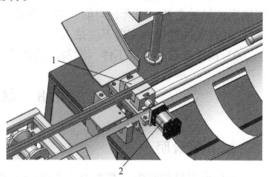

图1-23 第一夹紧机构
1—固定块 2—气缸

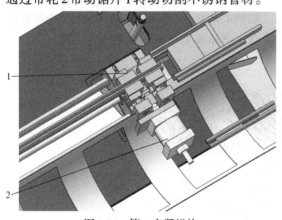

图1-24 第二夹紧机构
1—固定块 2—气缸

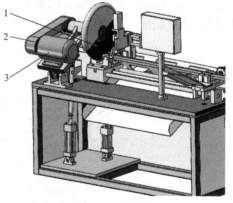

图1-25 切割机
1—锯片 2—带轮 3—电动机

4. 机械设计亮点

在一些设备的生产中，所需的不锈钢管材零件下料较多，既要保证下料尺寸，又要防止在锯切过程中划伤零件表面，还要方便调整尺寸，这就对料架的整体结构和靠位夹具的定位方式有较高的要求。自动锯管机通过设定尺寸，自动化切割，减少小批量、造型复杂的不锈钢管切割订单的成本，具有较高的经济效益。

5. 注意事项

1）锯管机的除尘机构应完好，方可开始切削。

2）主轴变速必须在停机后进行。变速时齿轮要完全啮合。发现锯管机不正常时，要立即停机检查。

3）长料管放入料架和松开捆扎钢丝时，应采取防止管子滚动、冲击、压伤人的措施。

4）锯管机在转动时，人体的任何部位不得接触传动部件。操作时，要扎好袖口，严禁戴手套工作。人体头部应偏离切割方向。

5）使用砂轮锯管机，应事先检查砂轮片有无缺损、裂纹、受潮、电源线是否可靠。

6）锯管机切割管头时，要防止管头飞出伤人。

7）锯管机切割前要调整好刀具，夹紧工件。夹紧部位的长度不得少于50mm。停机挡板要固定，经过夹紧、松开、向前、向后等顺序试机后，方可进行工作。

8）在工件进出料方向不应站人。

9）调换刀具、测量工件、润滑、清理管头时，必须停机进行。

案例8 双锯片切割机

1. 案例说明

在标准型材切割中，基本由人工进行上料，手动操作机器切割后再下料，往往导致加工效率较低。且生产良品率受到人为因素的影响，很难保证高质量的产出，且废品率较高，对原料造成极大的浪费，同时增加了生产的成本。双锯片切割机适用于标准型材的快速切割，整体结构如图1-26所示，主要由机架1、平带2、切割电动机3、锯片4、输出轴5、送料机构6和进料机构7组成。双锯片切割机具有切割效率高、产品成品率高等优点。

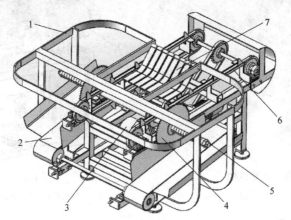

图1-26 双锯片切割机

1—机架 2—平带 3—切割电动机 4—锯片 5—输出轴 6—送料机构 7—进料机构

2. 工作原理

双锯片切割机作业前，需根据切割需求调节锯片在输出轴上的位置。双锯片切割机工作时，将待加工型材置于进料机构上，开启切割机，切割电动机带动锯片开始高速旋转，送料机构不断向前推进，将待加工型材推送至切割位置完成型材切割送料机构继续推进导出成品，切割后的废料则由平带导出。切割完成后送料机构不断回转，将下一根待加工型材送到切割位置依次加工。

3. 主要机构介绍

切割机构如图1-27所示，切割电动机1通过带轮3带动输出轴4转动，从而带动锯片2高速旋转。

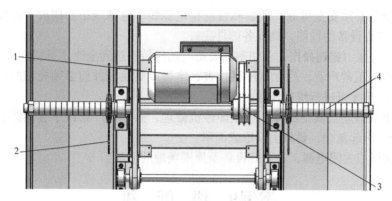

图1-27 切割机构

1—切割电动机 2—锯片 3—带轮 4—输出轴

送料机构如图1-28所示，由电动机3带动带轮2转动，从而带动送料带1运转，送料带1设有挡块，从而可以不断推送板材至切割机构。同时，平带4也由电动机3同步驱动，用于将切割后的废料运出切割机。

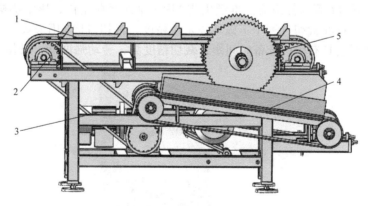

图1-28 送料机构

1—送料带 2—带轮 3—电动机 4—平带 5—锯片

4. 机械设计亮点

双锯片切割机通过结构设计，由送料机构依次进料，同时设置了废料平带，由一台电动机同步运转，提高了设备的自动化程度及工作效率。双锯片切割机两个锯片设于输出轴上，可以调节彼此的距离以到达切割不同长度型材的需求。通过双锯片切割机可不停机持续上料，一人可以操作多台机器，减少人力成本，而且产品质量不受操作人员技术的影响，结构简单稳定，加工精度高。

5. 注意事项

1）使用前必须认真检查设备的性能，确保各部件的完好性。

2）对电源刀开关、锯片的松紧度要进行详细检查，操作台必须稳固，夜间作业时应有足够的照明亮度。

3）电源线路必须安全可靠，严禁私自乱拉电源线，电源线小心摆放，不要被切断。使用前必须认真检查设备的性能，确保各部件完好。

4）不得进行强力锯切操作，在切割前要待电动机转速达到全速才可切割。

5）出现有不正常声音，应立刻停机检查；维修或更换配件前必须先切断电源，并等机器完全停止工作后才可进行维修作业。

6）设备出现抖动及其他故障，应立即停机修理，操作时严禁戴手套操作。如在操作过程中加工过程会引起灰尘，要戴上口罩或面罩。

7）加工完毕应关闭电源，并做好设备及周围场地的清洁。

案例9 切 纸 机

1. 案例说明

切纸机是一种纸张加工设备，主要用于造纸厂同一规格类型纸张的加工和印刷企业印刷品的整形加工，整体结构如图1-29所示，主要由主机1、推纸机构2、裁切机构3、工作台4、压纸机构5和控制台6等部件组成。推纸机构2用于推送纸张定位，压纸机构5则是将定好位的纸张压紧，保证在裁切过程中不破坏原定位精度，裁切机构3用来裁切纸张，工作台4起支撑作用。切纸机具有生产准备时间短，裁切精度高，劳动强度低，操作安全等优点。

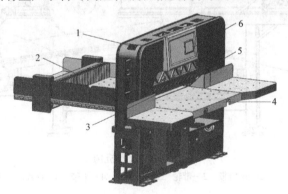

图1-29 切纸机

1—主机 2—推纸机构 3—裁切机构 4—工作台 5—压纸机构 6—控制台

2. 工作原理

切纸前的准备工作，将切纸机的左右墙板、推纸机构与工作台形成90°角，确保裁切的纸张规格能够保持一致。起动切纸机，在控制台输入参数后切纸机会自动运行，由推纸机构推动纸张，将纸张推送指定长度，此时压纸机构下压，将纸张固定，裁切机构斜向下完成切纸过程。

3. 主要机构介绍

推纸机构如图1-30所示，由气缸2驱动，不断将纸张往工作台1方向推进。

裁切机构和压纸机构如图1-31所示，压纸机构5由电动机3驱动，经过带轮1传动控制压纸机构5下压将纸张固定，裁切机构4由电动机3驱动，经过带轮2传动控制裁切机构4斜向下切纸。

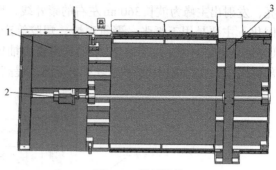

图1-30　推纸机构

1—工作台　2—气缸　3—推纸机构

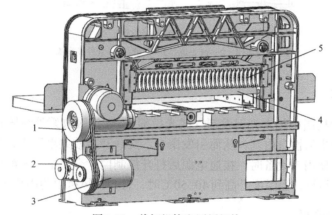

图1-31　裁切机构和压纸机构

1、2—带轮　3—电动机　4—裁切机构　5—压纸机构

4. 机械设计亮点

切纸机设置有压纸机构，有利于对纸张进行固定并通过裁切机构进行裁切，设置的控制面板与直线位移传感器以及切纸器控制系统连接，可以自动控制切纸速度，使得在纸张输送速度较快时，可以防止纸张有卷边的情况发生，还能够提高纸切口的整齐程度。

5. 注意事项

在实际使用过程中，切纸机要面对的裁切对象是多种多样的，除纸张、纸板外，还有皮革、塑料、软木地板等。由于要裁切的材料种类繁多，所以，应该针对不同的材质，相应地采用不同的压纸机构压力，裁切刀切削刃的角度也应有所变化，以保证得到高质量的裁切产品。

案例10　UV 固 化 炉

1. 案例说明

UV固化炉（"UV"是紫外线的英文缩写）能够在瞬时高电压的激发下使紫外线灯管点

亮，发射出主峰为波长360nm左右的紫外线，照射在油墨层上引发油墨中的丙烯酸树脂交联固化。主要是用于纸张、聚氯乙烯、塑胶等产品使用UV涂料喷涂、印刷后油墨层的固化。UV固化炉整体结构如图1-32所示，主要由抽风机组1、遮光罩2、平带3和紫外线光源4等部件组成，UV固化炉能够显著节约资源，提高工作效率。

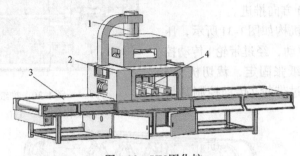

图1-32　UV固化炉

1—抽风机组　2—遮光罩　3—平带　4—紫外线光源

2. 工作原理

在特殊配方的树脂中加入光引发剂（或光敏剂），经过吸收紫外线固化设备中发射的高强度紫外线后，产生活性自由基，从而引发聚合、交联和接枝共聚反应，使树脂在数秒内由液态转化为固态。使用该设备时，接通电源后打开控制门，合上电源和断路器，并调节平带的速度，打开紫外线灯，当温度升高到40~50℃时，打开抽风机组为固化炉降温。

3. 主要机构介绍

抽风机组如图1-33所示，由右侧风机组1、左侧风机组2和上侧风机组3组成，当固化炉内部温度过高时抽风机组自动开启进行降温。

4. 机械设计亮点

通过在UV固化炉侧方设置的位移传感器，在位移传感器接受到产品输入UV固化炉的信息后，UV固化炉通过自动开门器自动开门，通过计时器计算固化时间并开门，平带自动输出固化好的产品，有效地提高了生产效率。

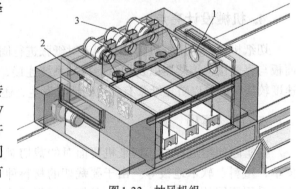

图1-33　抽风机组

1—右侧风机组　2—左侧风机组　3—上侧风机组

5. 注意事项

1）穿戴劳动防护用品。

2）检查设备电气绝缘、金属外壳保护接地是否完好可靠。

3）检查设备是否完好，紫外线是否有泄漏危害。

4）打开炉门，检查炉内是否有异物，并敞开通风。

5）按设备操作顺序，依次打开紫外线灯管电源，再将紫外线灯管能量开关缓慢调至强档。

6）紫外线灯经预热3~5min后，开启抽风机，"点灯"完成。

7）调节平带速度，以便UV涂膜能获得合适的能量。

8）将要固化的样板、工件等放置于平带的中央位置，保证工件光照充分、均匀。

9）停炉时，关闭紫外线灯电源，再将紫外线灯能量开关调至弱档。

10）按下停止开关，抽风系统会在紫外线灯冷却后自动停止。抽风停止后，断开设备总电源。

11）紫外线固化炉的紫外线灯关灯后，不可马上再起动，必须等紫外线灯冷却后，方可再次起动。

案例11　自动甜菜收获机

1. 案例说明

自动甜菜收获机属于农业收获器械，用于甜菜的大面积自动收割，整体结构如图1-34所示，主要由夹持升运装置1、滤土排杂螺旋辊2、巡行器3、起拔轮组4和滤土输送链总成5等部件组成，自动甜菜收获机具有收获效率高，对甜菜损伤较少等优点。

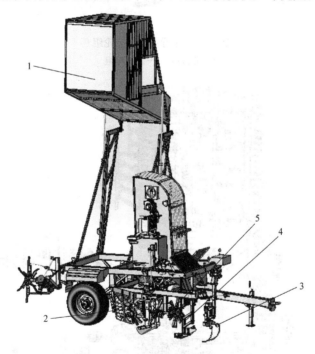

图1-34　自动甜菜收获机

1—夹持升运装置　2—滤土排杂螺旋辊　3—巡行器　4—起拔轮组　5—滤土输送链总成

2. 工作原理

自动甜菜收获机作业时，整机前行，在巡行器调控下，起拔轮组将夹带泥土、杂物的甜菜拔出，经进行第一次滤土排杂的滤土输送链总成送至转动的滤土排杂螺旋辊上进行第二次滤土排杂处理，最后甜菜由夹持升运装置提升完成卸菜作业。

3. 主要机构介绍

巡行器及起拔轮组如图1-35所示，巡行器1用于检测甜菜位置，起拔轮组2将甜菜拔出并运送至滤土排杂螺旋辊进行滤土排杂处理。

滤土排杂螺旋辊如图1-36所示，夹带泥土、杂物的甜菜送入滤土排杂螺旋辊2中，滤土

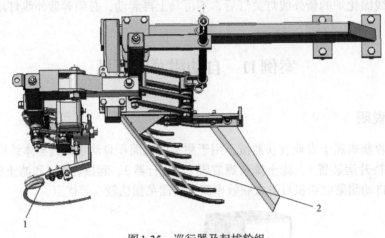

图1-35　巡行器及起拔轮组
1—巡行器　2—起拔轮组

图1-36　滤土排杂螺旋辊
1—卸菜输运链总成　2—滤土排杂螺旋辊　3—滤土输送链总成

排杂螺旋辊2相对水平面倾斜一定角度，通过旋转离心力将甜菜根部的泥土、杂物甩出。

4. 机械设计亮点

自动甜菜收获机的原理是将挖掘出来的甜菜经前输送链输送至果土分离辊，期间大量挖掘出来的泥土经输送链条的间隙掉落，对向旋转的果土分离辊主要去除甜菜块茎上粘带的泥土，最后由夹持升运装置将甜菜收集到集果箱。自动甜菜收获机的清理机构可从多个方向和角度清理甜菜上的泥土和杂物，并且这些清理机构亦可作为运输部件，便于集中装运甜菜。滤土排杂螺旋辊2可以根据使用需要，相对水平面倾斜一定角度，避免因冲击力导致甜菜挤压损坏。

第2章

包装机械

案例12　4灌装头自动液体灌装机

1. 案例说明

灌装机适用于批量生产玻璃瓶和塑料瓶装的水针剂、生化药物等需要进行液体灌装的产品。灌装机由液体灌装主机、输送带和电气控制箱组成，整体结构如图2-1所示。液体灌装主机主要包括多联泵1、抽液缸2、灌装头9等；输送带主要包括平顶输送链6、护栏7、减速电动机8及相应控制电路；电气部分包括电动机3及其驱动电源、变速减速机构4、定位电磁铁5等。该灌装机的特点是具有极高的计量准确度和较好的重复性，灌装容量范围大，且可以方便地任意调整，能兼容各种大小容器。

2. 工作原理

液体灌装主机和输送带是完成灌装动作的主要机构。主机装有4只灌装头，由两侧的多联泵和抽液缸抽取溶液，每只抽液缸对应一个灌装头。灌装头上有微型气缸带动小活塞开闭灌装头的喷口起阀门作用。灌装机工作前，空瓶由平顶输送链运送进灌装机直至运到灌装头下方，此时定位电磁铁下移，将灌装头的喷口插入瓶内，并在离瓶底一定距离处打开喷口开始灌液，灌装头边灌边

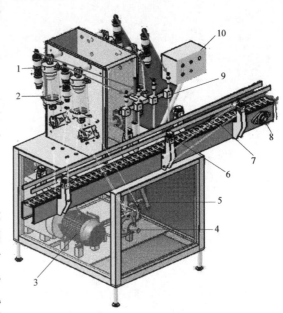

图2-1　4头自动液体灌装机

1—多联泵　2—抽液缸　3—电动机　4—变速减速机构
5—定位电磁铁　6—平顶输送链　7—护栏
8—减速电动机　9—灌装头　10—控制台

升，直至灌液完毕时关闭喷口，并升至瓶口位置，完成液体灌装。

3. 主要机构介绍

灌装头如图2-2所示，灌装机工作时，由定位电磁铁1控制喷口3的高度，灌装头上有微型气缸带动小活塞起阀门作用，可以根据设定的灌装容积开闭，实现溶液定量灌装。

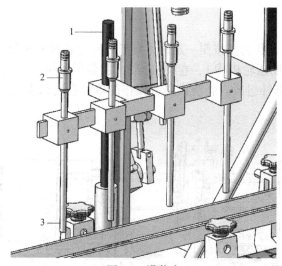

图2-2 灌装头
1—定位电磁铁 2—流量控制阀 3—喷口

灌装机动力系统如图2-3所示。本灌装机把电动机的输出轴与抽液缸的驱动轴连接起来，这样电动机既可以作为灌装液体的动力源，又可以通过控制电动机的运行步数而达到精确控制抽液缸的运转，从而实现精确计量的目的。

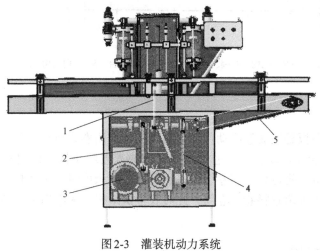

图2-3 灌装机动力系统
1、2、4、5—平带 3—电动机

4. 机械设计亮点

4头自动液体灌装机设计合理，适合多种瓶形的自动灌装，灌装范围30mL~1L，适用于大部分液体产品的灌装，并且整个包装流程环保、精确、安全，降低了企业的人工成本，把人从生产线上解放出来，实现了包装自动化。

案例13　卷　绕　机

1. 案例说明

卷绕机是将大面积片状物质按照一定的方案形成一定卷状形式的专用机械，整体结构如图2-4所示。主要由辅助压轮机构1、卷绕机构2、胶带供给机构3、控制台4、导向机构5、机架6、剪切机构7等部件组成。卷绕机具有操作简单，卷绕精度高，且设备故障率低、维护容易等优点。

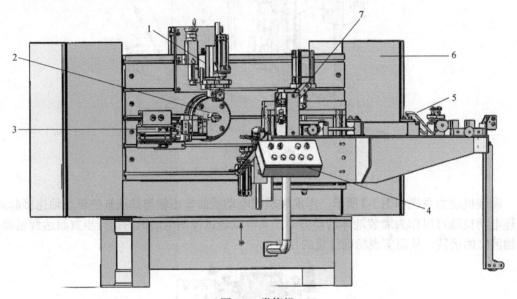

图2-4　卷绕机

1—辅助压轮机构　2—卷绕机构　3—胶带供给机构　4—控制台　5—导向机构　6—机架　7—剪切机构

2. 工作原理

卷绕机构和导向板是完成卷绕动作的主要机构。使用卷绕机时，将卷料的内芯套在卷针上，卷绕机构连接卷针转动，卷料通过导向机构输入卷绕机构，同时辅助压轮机构给予施压，从而保证卷绕机平稳运行。当卷绕卷料达到设置的长度时，剪切机构自动剪断卷料，卷绕机构继续转动，将剩余卷料卷入卷筒，此时胶带供给机构为卷料贴上终止胶带，从而完成整个卷绕作业。

3. 主要机构介绍

导向机构如图2-5所示，卷绕机工作时，片材从导向轨道2右侧导入，依次经过过渡轮3、过渡轮4、弹性压片5和过渡轮1，从而将片材充分拉开，通过调节弹性压片5可调节片材张力，防止因为张力过大造成物料损伤。

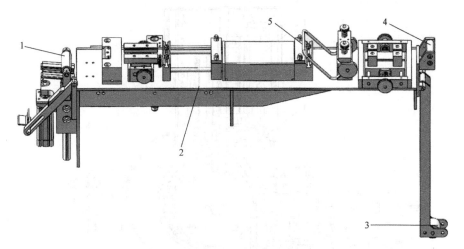

图2-5 导向机构

1、3、4—过渡轮 2—导向轨道 5—弹性压片

切断机构如图2-6所示，主要由气缸1、安装架2及刀片3组成，当卷绕卷料达到设置的长度时，气缸1起动，刀片3下移剪断卷料。

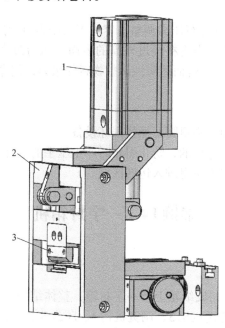

图2-6 切断机构

1—气缸 2—安装架 3—刀片

卷绕机构如图2-7所示，主要由辅助压轮机构1、气缸4、胶带供给机构5、气缸7和卷针8等部件组成，由气缸4和气缸7提供动力使卷针8连续旋转，辅助压轮机构1由气缸2控制，压轮6始终贴合卷料，保证卷料不断变厚的同时不发生偏移。当卷料卷绕完成后，由胶带供给机构5为卷料贴上终止胶带。

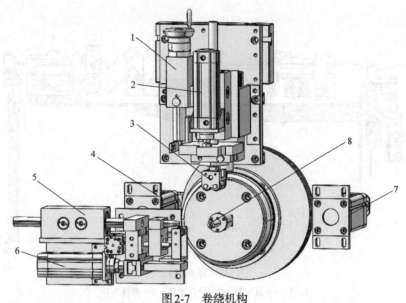

图2-7 卷绕机构

1—辅助压轮机构 2、3、4、7—气缸 5—胶带供给机构 6—压轮 8—卷针

4. 机械设计亮点

一般的卷绕机过渡轮无法进行压力调整，容易因为张力过大造成物料损伤。本卷绕机在导向机构上设置了弹性压片，当物料经过外筒的表面，压力过大时，片状的物料会挤压外筒，使得弹性压片进一步压缩，进而适应性调整物料的张力，使卷绕过程更加平稳。

5. 注意事项

1）吊收卷轴时要慢、稳，不得野蛮操作损坏设备。

2）卷绕机引布时必须是停止的，防止引布时产生压手的危险。

3）卷绕机在运行时任何人不得进入运转区域。

案例14 一字封箱机

1. 案例说明

一字封箱机可以一次性完成纸箱上下一字封箱，整体结构如图2-8所示。一字封箱机主要由机架1、封箱机构2、传送机构3、调宽机构4、胶带座5、电源开关6、调高机构7和胶带8等部件组成。封箱机构2主要由压轮、压力调节机构及切胶带机构组成；调高机构7主要由垂直摇手柄和升降架组成；调宽机构4主要由导轮和输送夹棍组成。一字封箱方式是目前市场上运用比较多的一种封箱方式，既可单机作业，也可以连接自动化生产线使用，其特点是适用箱子尺寸非常广泛，操作简单。

2. 工作原理

初次调试时，将待封装的箱体放入传送机构，放入长度约是箱体长度的1/3左右，根据箱体大小，摇动垂直摇手柄的方式移动升降架，从而调节上封箱机构的高度，使上封箱机构下降，直到触到箱体为止。调节调宽机构的导轮和输送夹棍，使导轮和输送夹棍紧贴箱体两侧并锁紧螺钉。调试完毕后便可连续作业。工作时，按下电源开关，推动箱子进入封箱机，递交给输箱机构，由导轮和输送夹棍夹住纸箱的两侧面，输送传动带带动箱子经过封箱机构，自动完成纸箱上下封箱及切胶带动作。

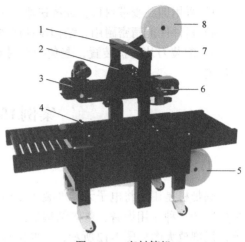

图2-8 一字封箱机

1—机架 2—封箱机构 3—传送机构 4—调宽机构
5、8—胶带座 6—电源开关 7—调高机构

3. 主要机构介绍

封箱机构如图2-9所示，是整个封箱机的核心，用于对纸箱进行封箱与切胶带。起动电源开关后，待封口箱体通过平带进入封箱机，当经过封箱机的封箱机构时，前压轮4将胶带粘贴在箱体表面，箱体继续传动，前压轮4将箱体表面胶带抚平，箱体通过前压轮4后，前压轮4回弹，机芯上的切胶带机构3将胶带切断，后压轮2将箱体背面的胶带抚平，完成封箱作业。

连动封箱结构如图2-10所示。每台封箱机有上下两组封箱机构，当箱体经传送机构传入封箱机时，前压轮7和前压轮8为箱体贴上胶带，箱体持续运动，并将压轮压至台面以下，箱体通过连动机构后，后压轮3和后压轮4为箱体贴上箱子后面胶带，完成箱体上下两面的封箱作业。

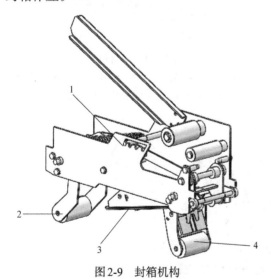

图2-9 封箱机构

1—压力调节机构 2—后压轮 3—切胶带机构 4—前压轮

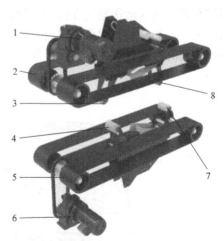

图2-10 连动封箱结构

1、6—电动机 2、5—平带 3、4—后压轮 7、8—前压轮

4. 机械设计亮点

1）性能稳定、品质可靠、封箱效率高、适用性强、使用寿命长。
2）适用于产品装箱后较轻的纸箱封箱，封箱效果平整、规范、美观。

3）采用即贴胶带封口，经济快速、调整容易，可一次完成封箱动作。

4）机件性能精密耐用，结构设计严密，运转过程无振动，运转稳定可靠。

5）配装刀片防护装置，避免操作时意外割伤，一字封箱机可以做到安全的生产，高效的包装。

案例15 编 带 机

1. 案例说明

编带机是用于将电子元器件装入专门的载带包装的一种专用设备，整体结构如图2-11所示，局部放大图如图2-12所示，主要由显示屏1、料带输送机构2、机架3、张力调节机构4、盖带盘5、检测机构6和封合机构7等部件组成。编带机具有结构简单，容易操作和维修，包装速度快等优点。

2. 工作原理

编带机工作时，从盖带盘中引出料带，通过张力调节机构调节张力后导入料带输送机构中，此时将置有电子元件的料带导入料带输送机构中，料带输送机构在电动机的驱动下，带动料带和盖带向前运送至封合机构，封合机构对料带进行加热，热压封合，完成封装，同时检测机构实时监测料带封合情况，保证料带封合完整。

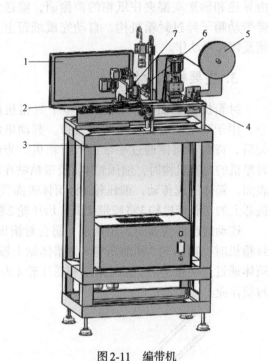

图2-11 编带机

1—显示屏 2—料带输送机构 3—机架 4—张力调节机构 5—盖带盘 6—检测机构 7—封合机构

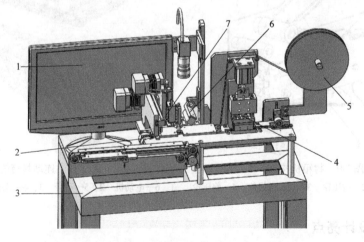

图2-12 编带机局部放大图

1—显示屏 2—料带输送机构 3—机架 4—张力调节机构 5—盖带盘 6—检测机构 7—封合机构

3. 主要机构介绍

料带输送机构如图2-13所示，料带置于料带槽1中，由电动机2驱动，不断将料带运送至封合机构。

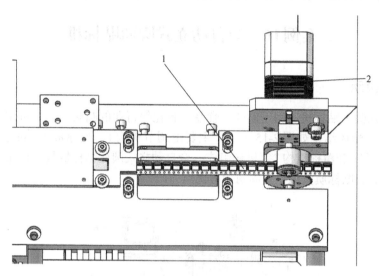

图2-13　料带输送机构
1—料带槽　2—电动机

检测机构及封合机构如图2-14所示，检测机构由摄像头3获取图像并传输给计算机系统，对料带封合情况进行判别。封合机构由电动机1控制封合头的升降，由电动机2控制封合头的横向位移，两台电动机协同作业重复料带封合工作。

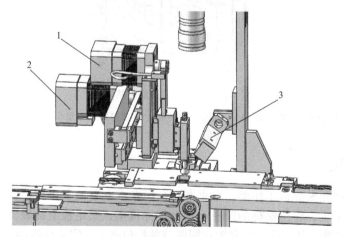

图2-14　检测机构及封合机构
1、2—电动机　3—摄像头

4. 机械设计亮点

编带机工作时，料带由盖带盘引出，通过张力调节机构调节张力后导入料带输送机构中，将待包装的元器件置入料带内，在输送机构内部的电动机驱动下，料带向前运动，之后经过封合组件，封合组件对料带进行加热，热压封合，然后绕过过带辊，缠绕在收带盘上。通过在收带盘上装设防自转组件，使得收带盘只能按照特定方向旋转，避免发生自动旋转，其结构简单，使用方便，解决了收带盘自动旋转的问题，实用性高。

案例16　全自动立式圆瓶贴标机

1. 案例说明

全自动立式圆瓶贴标机适用于制药、食品、日化等行业的圆瓶贴标，可用于贴全周贴标和半圆周贴标。整体结构如图2-15所示，主要由调节机构1、覆标带2、固定板3、平带4、收料架5、显示屏6和覆标机构7等机构组成，全自动立式圆瓶贴标机具有适用范围广、应用灵活、稳定性高、贴标质量优、坚固耐用等优点。

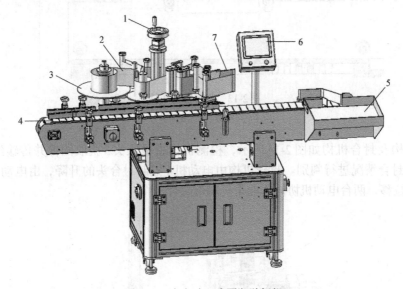

图2-15　全自动立式圆瓶贴标机

1—调节机构　2—覆标带　3—固定板　4—平带　5—收料架　6—显示屏　7—覆标机构

2. 工作原理

全自动立式圆瓶贴标机工作前，根据圆瓶贴标要求调整调节机构至合适的高度和角度，调整完毕后起动平带，将待贴标的圆瓶运送至覆标机构，固定板上的覆标带由电动机驱动、控制并带动圆瓶转动，从而将标签贴附在圆瓶待贴标位置上，完成标签的贴附动作。

3. 主要机构介绍

调节机构如图2-16所示，通过摇动手柄1调节固定板的高度，通过摇动手柄2调节固定板的水平横向位移，通过摇动手柄3调节固定板的水平垂向位移，通过摇动手柄4调节固定板的倾斜角度。

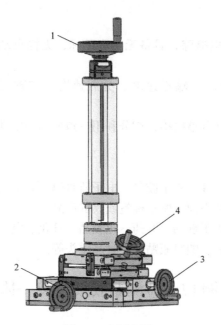

图2-16 调节机构

1、2、3、4—手柄

固定板如图2-17所示，由电动机1驱动并由带轮3带动旋转轴4旋转，从而使覆标带运转并将覆标带上的标签贴附在圆瓶待贴标位置。

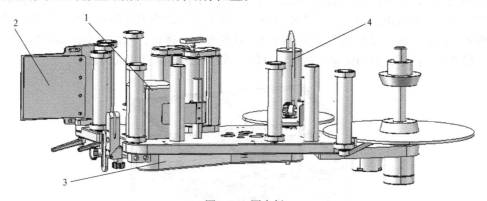

图2-17 固定板

1—电动机 2—覆标机构 3—带轮 4—旋转轴

4. 机械设计亮点

1）适用范围广。可满足圆瓶的全周贴标或半圆周贴标，前后瓶之间贴标的衔接切换动作简单，调整方便。

2）标签重合度高。标带绕行采用纠偏机构，标带不走偏，贴标部位x、y、z三个方向以及倾斜度共八个自由度可调，调整无死角，标签重合度高。

3）贴标质量好，采用弹压性覆标带，贴标平整、无皱褶，提高了包装质量。

4）应用灵活。瓶子站立式贴标，具备自动分瓶功能，可单机生产，也可接流水线生产。

5）智能控制。自动光电追踪，具备无物不贴标，无标自动校正和标签自动检测功能，防止漏贴和标签浪费。

6）调整简单。贴标速度、输送速度、分瓶速度可实现无级调速，可根据需要进行调整。

7）坚固耐用。采用三杆调整机构，充分利用三角形的稳定性，整机结实耐用。

5. 适用范围

1）适用标签：不干胶标签、不干胶膜、电子监管码、条形码等。

2）适用产品：要求在圆周面上贴附标签或膜的产品。

3）应用行业：广泛应用于食品、医药、化妆品、日化、电子、五金、塑胶等行业。

4）应用实例：圆瓶贴标、塑料瓶贴标、食品罐头等。

案例17　检测贴胶纸包装一体机

1. 案例说明

检测贴胶纸包装一体机用于产品的平整度检测及粘贴包装等工序，整体结构如图2-18所示，局部放大图如图2-19所示，主要由平带1、机架2、贴胶纸模组3、包装模组4、平整度检测模组5和搬运机构6等部件组成，检测模组主要是光电耦检测器。检测贴胶纸包装一体机将检测、粘胶纸、包装这些步骤自动化，避免了手动检测或贴胶纸对产品造成的二次形变伤害，消除了对产品质量的影响；同时将这些步骤一体化，只需一套设备即可完成全部工序，提高了生产率，节约设备所占用的空间，并且极大地降低了人力成本。

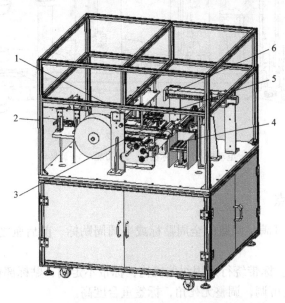

图2-18　检测贴胶纸包装一体机

1—平带　2—机架　3—贴胶纸模组　4—包装模组　5—平整度检测模组　6—搬运机构

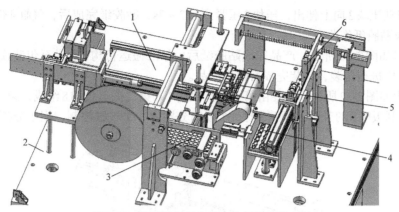

图2-19　检测贴胶纸包装一体机局部放大图

1—平带　2—机架　3—贴胶纸模组　4—包装模组　5—平整度检测模组　6—搬运机构

2. 工作原理

检测贴胶纸包装一体机工作时，由平带将待检测的产品输送到平整度检测模组，由光电耦检测器对产品进行检测后判断检测结果，若产品检验不合格，则由第一搬运机构将产品回收，若产品良好，则由第一搬运机构将产品移送至贴胶纸模组，第一搬运机构移开后，气缸带动压块向上伸出，压块压紧产品2~3s，使得绝缘胶纸与屏蔽罩紧密贴合，贴胶纸完成后，气缸带动压块向下缩回。第二搬运机构吸取贴好胶纸的产品并运送至包装模组，由包装模组对产品进行包装并输出产品。

3. 主要机构介绍

贴胶纸模组如图2-20所示，胶带置于胶带轮1上，为贴胶纸模组提供绝缘胶纸，检测贴胶纸包装一体机工作时，第一搬运机构吸取良好的产品并运送至拉平的胶纸表面，此时气

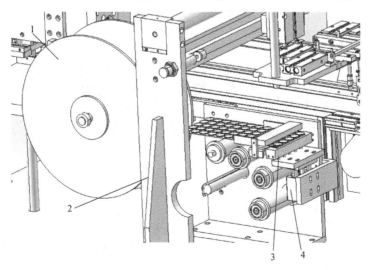

图2-20　贴胶纸模组

1—胶带轮　2—第一搬运机构　3—压块　4—气缸

缸4起动，带动压块3向上伸出，压块3压紧产品2~3s，贴胶纸完成后，气缸4带动压块3向下缩回，完成贴胶纸作业。

包装模组如图2-21所示，产品完成贴胶纸后由第二搬运机构1运送至包装模组，准确放置于包装盒2内进行包装，包装完成后输出产品。

搬运机构如图2-22所示，主要由第一搬运机构1和第二搬运机构8组成，第一搬运机构1由气缸2、控制吸嘴3的升降，吸嘴3的每个吸嘴分别由一个气缸控制，用于分拣不合格的产

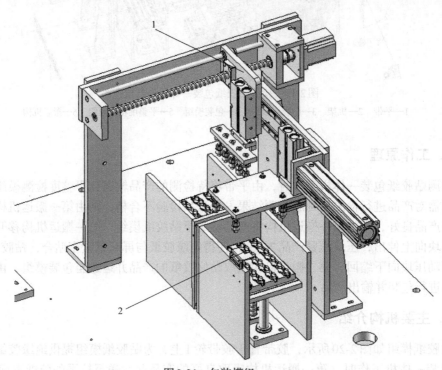

图2-21　包装模组
1—第二搬运机构　2—包装盒

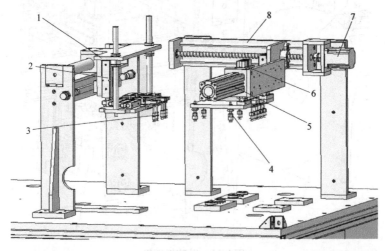

图2-22　搬运机构
1—第一搬运机构　2、5、6—气缸　3、4—吸嘴　7—电动机　8—第二搬运机构

品并将良好的产品搬运至贴胶纸模组。第二搬运机构8由电动机7、气缸5和气缸6控制，可以在三维空间内搬运产品，用于吸取完成贴胶纸的产品并搬运至包装模组。

案例18 贴 印 机

1. 案例说明

贴印机用于在产品表面贴印标签，整体结构如图2-23所示，局部放大图如图2-24所示，主要由机架1、工作台2、控制箱3、高精度滑台4、排气口5和贴印机构6等部件组成，高精度滑台4包括摆块、固定块和活动块。非标贴印机具有运行稳定、可靠性高、工作效率高等特点，同时能够有效地保证产品的贴印质量。

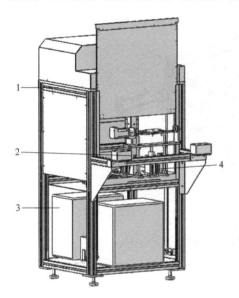

图2-23 贴印机
1—机架 2—工作台 3—控制箱 4—高精度滑台

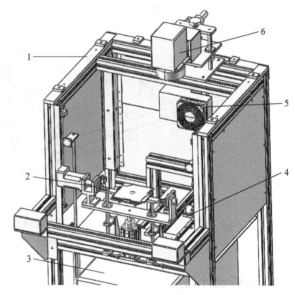

图2-24 贴印机局部放大图
1—机架 2—工作台 3—控制箱 4—高精度滑台
5—排气口 6—贴印机构

2. 工作原理

贴印机工作时，将产品固定在工作台上，高精度滑台将工作台输送到贴印机构的下方，并使产品与贴印机构的打印头贴合，从而在产品上印上标签。

3. 主要机构介绍

贴印机构如图2-25所示，可用垂直升降杆2调节打印头1的高度，以适应不同规格的贴标产品。

高精度滑台如图2-26所示，由气缸1控制工作台2水平方向上的位移，气缸3控制工作台2垂直方向上的位移，同时高精度滑台可在导轨4上滑行，在轨道末端设有固定块5，防止工作台2出现脱接故障。

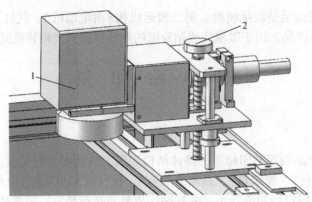

图 2-25 贴印机构

1—打印头 2—垂直升降杆

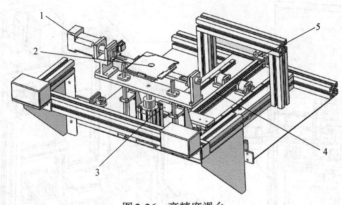

图 2-26 高精度滑台

1、3—气缸 2—工作台 4—导轨 5—固定块

4. 机械设计亮点

贴印机的高精度滑台设有固定块和活动块，使工作台只能在限定的范围内移动，进而防止工作台出现脱接故障。贴印机的控制机构采用PLC控制箱（可编程序逻辑控制器），能够自动控制电磁阀的开关，同时能够控制整套印刷设备的运行，使贴印机构和产品的收放保持同步，有效地保证了产品的印刷质量。

案例19　立式自动包装机

1. 案例说明

立式自动包装机适用于膨化食品、白糖、食盐、洗衣粉等颗粒状、短条状、粉状物料的包装，整体结构如图2-27所示，主要由控制单元1、拉膜机构2、走膜机构3、放膜机构4、成形驱动机构5、剪切机构6、成形器7和机架8等部件组成，具有结构设计合理，操作简单，使用方便等优点。立式自动包装机通过伺服电动机控制拉膜机构，通过变频器控制电动机预拉膜，通过驱动系统控制纵封和横封，对包装膜进行成型，不仅提高了工作效率，节省了场地和人工，而且还提高了自动化程度。

2. 工作原理

立式自动包装机工作时，设备的成形器通过温度、压力和时间的控制实现包装膜自动成形。走膜机构主要用于控制包装膜的张力，放膜机构采用电动机主动放膜，且根据包装膜的长度自动控制放膜电动机，不放膜时，装膜轴下的制动机构自动制动，装膜机构采用双边轴承托着装膜轴，装膜轴与包装膜自动对中。剪切机构主要用于将封好的膜裁断。控制单元通过可编程序逻辑控制器、触摸屏控制伺服电动机与变频器，实现机器自动运行。

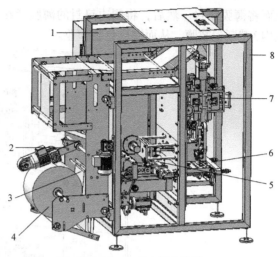

图2-27 立式自动包装机

1—控制单元　2—拉膜机构　3—走膜机构　4—放膜机构
5—成形驱动机构　6—剪切机构　7—成形器　8—机架

3. 主要机构介绍

拉膜机构和走膜机构如图2-28所示，拉膜机构由电动机1和电动机2驱动，使包装模稳定输入成形器。走膜机构设有多根走膜轴3用于控制包装膜的张力。

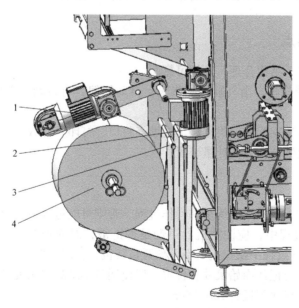

图2-28 拉膜机构和走膜机构

1、2—电动机　3—走膜轴　4—放膜机构

成形器如图2-29所示，主要由成形驱动机构驱动。工作时，先为成形器的热封条6预热，达到合适温度后包装膜从成形器1的上方导入，成形驱动机构控制两侧的热封条6贴合，

从而将薄膜热封。然后,将侧边热封的薄膜套在产品表面,一起输送至剪切机构3,由剪切机构3裁断包装膜,从而完成包装作业。

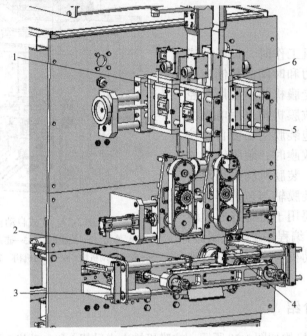

图2-29 成形器

1—成形器 2—刀片 3—剪切机构 4—导轨 5—加热机构 6—热封条

4. 机械设计亮点

1)整机设计先进,结构合理,性能可靠。

2)采用双同步带拉膜,由气缸控制张紧,自动纠偏,有自动报警保护功能,最大限度减低损耗。

3)本机与计量装置相配套,集制袋、充填、封口、打印、计数于一体。

4)可根据物料改装开合方式计量装置。

5. 注意事项

1)操作者必须按以上顺序熟练掌握操作过程,否则可能造成机器故障。

2)机器在工作过程中,应注意机器声音是否正常,温度是否正常,包装膜是否用完,物料是否用完。在生产过程中操作人员不可离开包装机,发现问题应及时停机检查。

3)调整各机构时要记住原始尺寸和位置,以便调节不理想时恢复到原起点。

4)新机磨合须在慢速下运转100~150h。

5)切勿将工具及异物放在机器上,以防掉进模具中,损坏模具。

6)暂停工作时,须将封口模具脱开。

7)长时间工作后要用专用铜刷清扫模具表面,这样有利于保证封口质量。

8)机器在运转过程中严禁将手或物品靠近运动部位。

9)定时检查机器各紧固部位是否有松动、脱接现象。

案例20　高度自动化灌装生产线

1. 案例说明

高度自动化灌装生产线用于批量生产玻璃瓶和塑料瓶，水、针剂、生化药物等需要进行液体灌装的产品，整体结构如图2-30所示，主要由机械手1、自动灌装机构2、传送机构3、自动上盖机构4、自动封口机构5及出料机构6等部件组成。高度自动化灌装生产线控制机构采用PLC（可编程序逻辑控制器）控制，它使自动化生产线运行更加平稳，定位更加准确，操作更加方便，使灌装的速度大幅提升，给企业生产效率大幅提升。

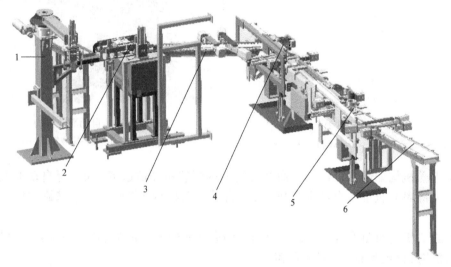

图2-30　高度自动化灌装生产线

1—机械手　2—自动灌装机构　3—传送机构　4—自动上盖机构　5—自动封口机构　6—出料机构

2. 工作原理

高度自动化灌装生产线工作时，首先接通系统总电源，输送带开始运行，机械手搬运空灌装瓶至流水线上，推送机构将空灌装瓶推送至输送带上进行传送，当空灌装瓶传送至触发自动灌装机构位置的传感器时，输送带停止，自动灌装机构开始灌装；当灌装到设定量时，自动灌装机构停止灌装，输送带重新自起动，直至下一个待灌装的灌装瓶被传送至灌装设备下或者关停设备。自动灌装机构通过传感器能够实现对灌装过程的自动记数，也可以采用手动方式对灌装数量清零。当灌满的灌装瓶经过输送带送到自动上盖机构传感器的位置时，传感器检测到灌装瓶后，起动自动上盖机构，将瓶盖置于满罐的灌装瓶瓶口位置。上盖完毕后，灌装瓶经输送带传送至自动封口机构的封口机平台上，开始对满罐的灌装瓶进行封口。封口完毕后，产品经输送带传送至包装工序。

3. 主要机构介绍

机械手如图2-31所示，由电动机2控制机械臂1在水平面内的旋转，由气缸4控制机械手3的升降。

　　自动灌装机构如图2-32所示，空灌装瓶由输送带2送入自动灌装机构，自动灌装机构为空灌装瓶灌装溶液。

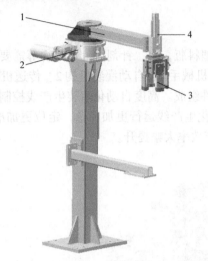

图2-31　机械手
1—机械臂　2—电动机　3—机械手　4—气缸

图2-32　自动灌装机构
1—气缸　2—输送带　3—输液管　4—推送机构

　　自动上盖机构如图2-33所示，灌装好溶液的灌装瓶经输送带1输送至自动上盖机构2，推送机构4将灌装瓶推入自动上盖机构2，自动上盖机构2将瓶盖置于满罐的灌装瓶瓶口位置。

　　自动封口机构如图2-34所示，装有瓶盖的灌装瓶经输送带3运送至自动封口机构1，由自动封口机构1固定灌装瓶并拧紧瓶盖。

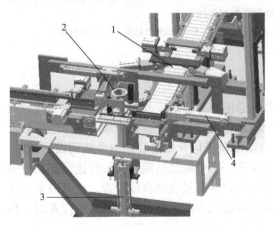

图2-33　自动上盖机构
1—输送带　2—自动上盖机构　3—气缸　4—推送机构

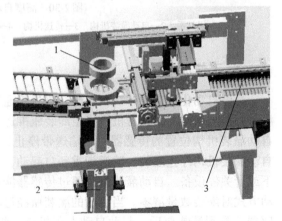

图2-34　自动封口机构
1—自动封口机构　2—气缸　3—输送带

4. 机械设计亮点

　　传统的罐装生产线的电气设备控制系统是传统的继电器、接触器控制方式，在使用过程中，生产效率低，人机对话靠指示灯、按钮和讯响器，响应慢，故障率高，可靠性差，系统的工作状态、故障处理、设备监控与维护只能凭经验被动的去查找故障点，且在生产过程中容易产生二次污染，造成合格率低，生产成本增加。而自动化灌装生产线控制机构采用PLC（可编程序逻辑控制器）控制，使自动化生产线运行更加平稳，定位更加准确，功能更加完善，操作更加方便，在众多领域得到了广泛的应用。

案例21 果冻食品灌装机

1. 案例说明

果冻食品灌装机可用于果汁、酒类、纯净水、油类、护发用品、护肤品类、化妆品类、果冻、酱类、液体酒精、口服液等的灌装，整体结构如图2-35所示，主要由升降板1、放置槽2、底座3、储料罐4、电气控制箱5、机架6、液压伸缩杆7和凸轮机构8等部件组成，果冻食品灌装机具有运行稳定，使用寿命长，工作效率高等特点。

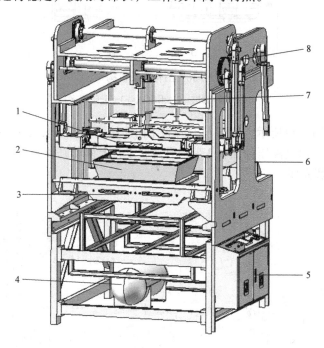

图2-35 果冻食品灌装机

1—升降板 2—放置槽 3—底座 4—储料罐 5—电气控制箱 6—机架 7—液压伸缩杆 8—凸轮机构

2. 工作原理

果冻食品灌装机工作时，先将装有空瓶的放置槽置于底座上，凸轮机构带动升降板向下移动，从而带动灌装头下移并将灌装头伸入果冻食品的包装壳体中，进行果冻食品的灌装。在灌装的同时，随着果冻食品进入包装壳体，灌装头在升降板的带动下回升，当上升到指定高度时停止灌装，通过不断重复该过程，完成果冻食品的批量灌装作业。

3. 主要机构介绍

凸轮驱动机构如图2-36所示，用于控制升降板2的升降，完成果冻食品的灌装。

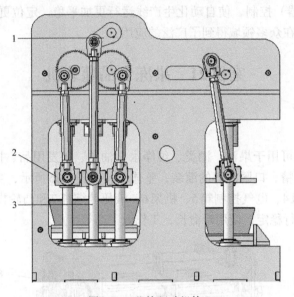

图2-36　凸轮驱动机构

1—凸轮机构　2—升降板　3—升降杆

液压伸缩杆如图2-37所示，底部与升降板1相连接，当灌装停止不及时，导致放置槽2内果冻食品过多时，通过液压伸缩杆3带动升降板1向上移动，使果冻回流，防止由于果冻灌装过多而渗出包装壳体。

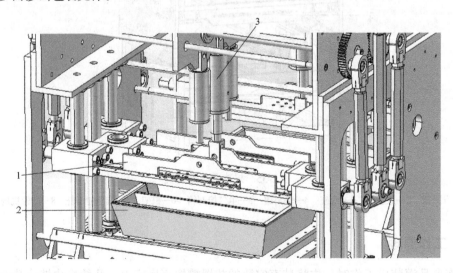

图2-37　液压伸缩杆

1—升降板　2—放置槽　3—液压伸缩杆

放置槽如图2-38所示，本设备装配了大放置槽2和小放置槽1，根据灌装需求可以分别

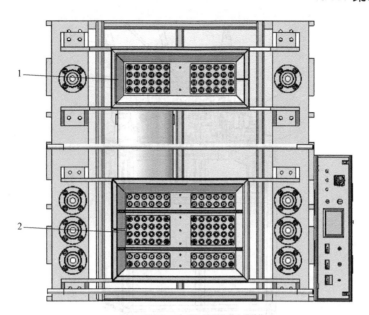

图2-38 放置槽

1—小放置槽 2—大放置槽

选择放置槽1或放置槽2作业，也可同时进行灌装作业。

4. 机械设计亮点

现有的果冻灌装机对果冻进行灌装时，需要先将灌装头伸入果冻的包装壳体内，随着灌装的进行，灌装头通过提升机构向上移动，当灌装即将完成时，关闭灌装阀，灌装头位于果冻包装壳体的顶端，采用这种方式进行灌装，在灌装时，果冻的灌装量不好控制，果冻常常由于灌装阀关闭不及时，而导致果冻从果冻的包装壳体中渗出，浪费果冻，增加生产成本。果冻食品灌装机通过液压伸缩杆带动升降板向下移动，通过升降板带动灌装头向下运动，抽真空完成后，内部与外界形成气压差，之后灌装头伸入果冻的包装壳体中，进行果冻的灌装工作，在灌装过程中随着果冻进入包装壳体，灌装头在升降板的带动下向上运动，当果冻上升到一定的位置时，停止灌装，若灌装停止不及时，导致果冻过多时，通过第一电动伸缩杆带动活塞向上移动，使果冻回流，防止由于果冻过多而渗出包装壳体。

案例22 检测包装机

1. 案例说明

检测包装机主要用于电子元件的检测及封装，可以在检测系统显示器上设定检测尺寸、表面缺陷、脏污等参数对电子元件进行检测，整体结构如图2-39所示，局部放大图如图2-40所示，主要由封装机构1、机架2、固定载座3、第一运送机构4、进料机构5、检测机构6、第二运送机构7和显示屏8等部件组成。检测包装机具有检验精度高、检测包装速度快，自动化程度高等优点。

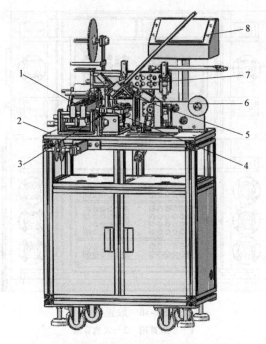

图2-39　检测包装机

1—封装机构　2—机架　3—固定载座　4、7—运送机构　5—进料机构　6—检测机构　8—显示屏

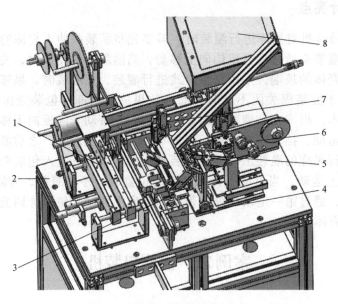

图2-40　检测包装机局部放大图

1—封装机构　2—机架　3—固定载座　4、7—运送机构　5—进料机构　6—检测机构　8—显示屏

2. 工作原理

检测包装机工作时，待检测的电子元件从进料机构5导入并置于固定载座3上，第一运送机构4和第二运送机构7协同作业，吸取电子元件运送至检测机构6并将检测合格的电子元

件运送至封装机构1处，由封装机构1对电子元件进行封装。

3. 主要机构介绍

进料机构如图2-41所示，电子元件从导管1导入，由气缸2控制进料口的开合，保证电子元件有序置入固定载座，气缸3则用于控制进料机构的角度。

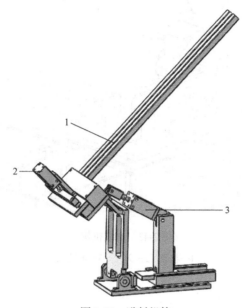

图2-41　进料机构
1—导管　2、3—气缸

第一运送机构和第二运送机构如图2-42所示。检测包装机工作时，第一运送机构和第二运送机构协同作业，第二运送机构上的吸嘴5吸取电子元件并运送至检测机构进行检测。检测完毕后，吸嘴5重新吸取元件并将其运送至固定载座，吸嘴4同步位移，吸取固定载座上已经检测合格的电子元件并运送至封装机构。

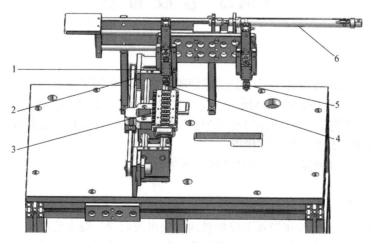

图2-42　运送机构
1—电动机　2—带轮　3—固定载座　4、5—吸嘴　6—气缸

封装机构如图2-43所示，由电动机3控制旋转轴转动，不断将包装料带从料盘1导入封装机构并将检测合格的电子元件封合包装，刀片2用于将包装盒边缘多余料带裁去。

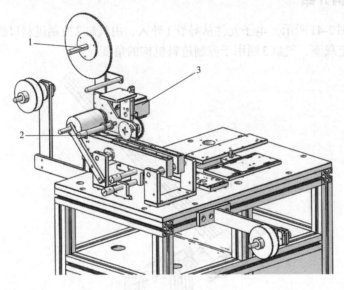

图2-43　封装机构

1—料盘　2—刀片　3—电动机

4. 机械设计亮点

1）进料侧输送带模组：进料可人工操作，也可连接前端插针机。

2）全自动检测模组：准确管控产品品质。

3）不良品分选模组：针对每组检测到的不良品进行归类。

4）自动编带：可适用冷封带及热封带。

案例23　卷 胶 布 机

1. 案例说明

卷胶布机能够实现在胶布滚筒上自动卷绕胶布带，主要用于现有的医用胶布卷和工业用胶布卷的卷绕，整体结构如图2-44所示，局部放大图如图2-45所示，由胶带盘1、剪切机构2、胶布滚筒旋转机构3、压紧机构4和机架5等部件组成。卷胶布机具有自动化程度高，结构可靠，能够显著提高生产效率等优点。

注：压紧机构4被护板挡住，具体位置见图2-45。

2. 工作原理

卷胶布机工作时，将胶布带置于胶带盘内，胶布滚筒置于胶布滚筒旋转机构上，夹持胶带盘上的胶布带置于胶布滚筒表面，起动设备，将胶布带输送至旋转轴并通过压紧机构，使所得到的胶布卷包裹牢靠。当胶带输送量达到预定长度时，剪切机构自动运转，切断胶布带，

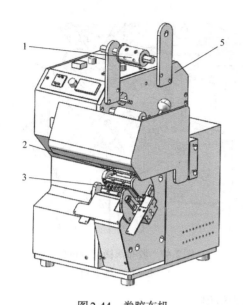

图2-44 卷胶布机
1—胶带盘 2—剪切机构 3—胶布滚筒旋转机构 5—机架

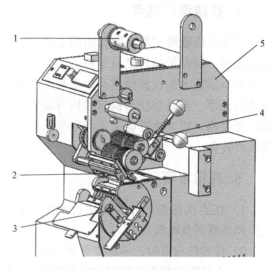

图2-45 卷胶布机局部放大图
1—胶带盘 2—剪切机构 3—胶布滚筒旋转机构
4—压紧机构 5—机架

胶布滚筒旋转机构继续运转，将剩余的胶布带卷入胶布滚筒，完成胶布带的卷绕，工作人员更换胶布滚筒，重复卷绕作业。

3. 主要机构介绍

剪切机构与压紧机构如图2-46所示，胶布带从胶带盘导入压紧机构1，通过调节手柄3的角度可以控制胶带输送过程中的张力，保证得到的胶布滚筒上的胶布带卷的包裹牢靠。当胶带输送量达到预定长度时，剪切机构2由电动机控制下移，切断胶带。

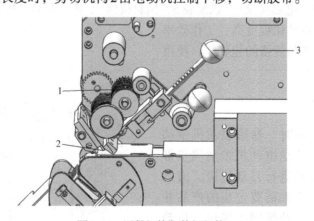

图2-46 压紧机构与剪切机构
1—压紧机构 2—剪切机构 3—手柄

胶布滚筒旋转机构如图2-47所示，由电动机1驱动控制。当卷胶布机工作时，首先将胶布滚筒置于筒槽2内，闭合胶布滚筒旋转机构，起动电动机1，通过齿轮传动带动胶布滚筒旋转机构转动，从而将胶布带卷绕在胶布滚筒上。

4. 机械设计亮点

卷胶布机能够实现在胶布滚筒上自动卷绕胶布带，胶布带的长度易于精确控制，粘贴在胶布滚筒上的位置精度高，提高了胶布卷的良品率，并且卷胶布机的结构可靠、自动化程度高，极大地提高了生产效率，易于实现产业化。

5. 注意事项

1）在更换切割部件及剪切机构时，需先关闭传感器及电源开关。

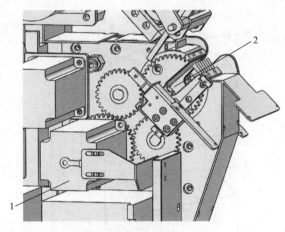

图2-47 胶布滚筒旋转机构
1—电动机 2—筒槽

2）放置胶布带时，一定要平整地放入。

3）本机除切割生产规定的胶布带外，严禁作为他用。

4）机器运行时，严禁将手及其他物体放于切削刃处。

5）做好个人安全防护和设备安全防护。

案例24 全自动包装机

1. 案例说明

全自动包装机适用于对颗粒、片剂、液体、粉剂、膏体等形态的物料进行包装，主要用于食品、医药、化工等行业和植物种子的物料包装，整体结构如图2-48所示，主要由机架1、卷膜轮2、同步带3、电热夹块4、供膜轮5、供料机构6、搬运机构7和导膜架8等部件组成。全自动包装机具有自动化程度高、工作效率高，能够适应不同产品规格的包装膜，使用更加灵活、方便等优点。

2. 工作原理

自动包装机工作时，卷膜电动机带动卷膜轮转动，同时传送电动机带动同步带转动，从而对包装膜进行自动传送。搬运机构从供料机构上吸取需要包装的产品并运送至同步带上与包装膜同步传送，自动传送的包装膜通过导膜架的夹持，能够使包装膜的两侧竖起来，并持续向前输送，当包装膜竖起的两侧通过电热夹块时，在电热夹块的加热作用下能够自动将包装膜两侧封合，封合后的产品及包装膜会继续

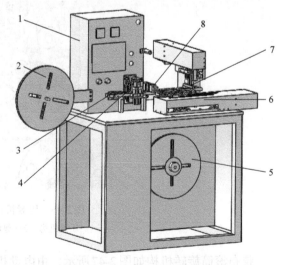

图2-48 全自动包装机
1—机架 2—卷膜轮 3—同步带 4—电热夹块 5—供膜轮
6—供料机构 7—搬运机构 8—导膜架

进行传送至卷膜轮。在使用过程中，还可以根据需要，通过导膜架滑动轨来滑动导膜架，以便于调整机架两侧导膜架的间距，以适应不同产品规格的包装膜，使得全自动包装机使用起来更加灵活、方便。

3. 主要机构介绍

供料机构如图2-49所示，待包装的产品置于产品架1上，由伺服电动机2驱动控制产品架1的横向移动。

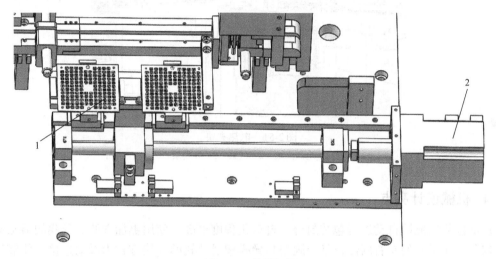

图2-49　供料机构
1—产品架　2—伺服电动机

搬运机构如图2-50所示，通过机械手2的抓取及横向运动，将产品架上待包装的产品搬运至同步带上，机械手2的垂直升降运动由气缸3驱动控制，机械手2的横向位移由伺服电动机1驱动控制。

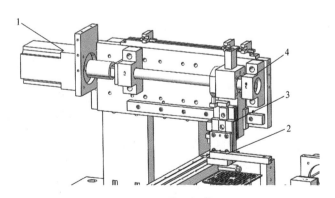

图2-50　搬运机构
1—伺服电动机　2—机械手　3—气缸　4—挡块

电热夹块如图2-51所示，当通过导膜架3夹持后的包装膜传送至电热夹块1的位置时，电热夹块1在气缸2的控制下下移，通过加热作用能够自动将包装膜两侧封合。

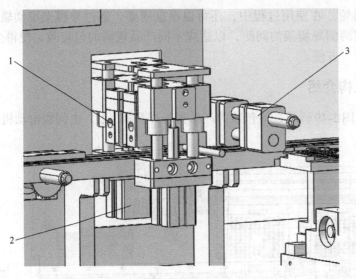

图 2-51　电热夹块
1—电热夹块　2—气缸　3—导膜架

4. 机械设计亮点

　　自动包装机能够自动进行包装封合，自动化程度更高，使用更加方便。导膜架沿水平方向均匀分布在机架的左右两侧，且导膜架与导膜架滑动轨的连接方式为滑动连接，能够使包装膜的两侧均匀地通过导膜架，便于将包装膜的两侧封合起来，并能够方便地调整机架两侧的导膜架之间的间距，使用更加灵活、方便。电热夹块通过气缸驱动控制升降，能够使穿过电热夹块的包装膜进行自动加热封合，无须人工操作，使用更加方便。

第3章

自动装配机械

案例25　USB全自动组装设备

1. 案例说明

通用串行总线（Universal Serial Bus，USB）是一种串口总线标准，也是一种输入输出接口的技术规范，被广泛地应用于个人计算机和移动设备等信息通信产品，并扩展至摄影器材、数字电视（机顶盒）、游戏机等其他相关领域，USB接口模型如图3-1所示。

USB全自动组装机适用于USB接口的自动塑性组装，机械结构如图3-2所示，俯视图如图3-3所示。主要由工作台1、支撑架体2、同步带3、辊轮4、电动机5、导管6、滑动机构7、第一夹具8、第二夹具9、精细组装机10、工位转盘11、转位液压机12和初步组装机13等部件组成。其中滑动机构7包括电动机、滑动链、滑轨和滑台，冲压机设置在滑台上；初步组装机13上设有打孔机和机械臂；工位转盘11上共设有八个工位，且在八个工位上均设置了第二夹具，可同时对八个USB外壳进行精细组装。USB全自动组装机通过多个机构协同工作，自动化程度高，能够极大地节省劳动力，提高生产效率和产品成品率，从而减少报废率并降低生产成本。

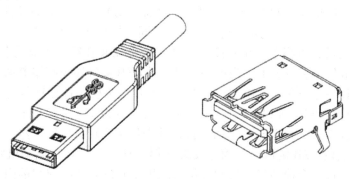

图3-1　USB接口模型

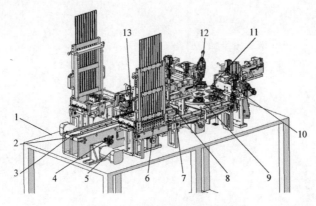

图3-2　USB全自动组装机

1—工作台　2—支撑架体　3—同步带　4—辊轮　5—电动机　6—导管　7—滑动机构　8—第一夹具

9—第二夹具　10—精细组装机　11—工位转盘　12—转位液压机　13—初步组装机

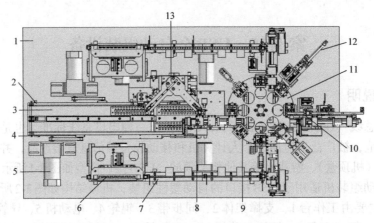

图3-3　USB全自动组装机俯视结构图

1—工作台　2—支撑架体　3—同步带　4—辊轮　5—电动机　6—导管　7—滑动机构　8—第一夹具

9—第二夹具　10—精细组装机　11—工位转盘　12—转位液压机　13—初步组装机

2. 工作原理

　　该设备通过电动机和支撑架体的配合设置，当需要对USB接口进行塑性组装时，起动电动机，电动机将带动其上面的辊轮转动，从而带动同步带在支撑架体上水平运动。由于同步带上安装有第一夹具，可将若干个USB接口外壳胚体安装在第一夹具的若干个夹口位置，然后通过同步带滑到组装位置上。当第一夹具带动USB接口外壳胚体滑动到初步组装机的位置时，第一夹具将停止在初步组装机的下方，初步组装机的打孔机和机械臂将对USB接口外壳胚体进行打孔和对USB接口外壳外侧壁需要安装的零件进行初步的定位安装。初步安装结束后，同步带会将初步安装的USB接口外壳传送到转盘位置，然后由其中一个精细组装机将初步安装的USB接口外壳固定安装在第二夹具上，转位电动机将带动转盘转动USB接口外壳，经过三个精细组装机和转位液压机完成整个USB接口的内部和外部零件的安装。

3. 主要机构介绍

第一夹具如图3-4所示，设于同步带2上，主要用于初步定位USB接口外壳需要安装的零件和批量运输USB接口元器件。工作时，第一夹具3通过同步带2带动通过初步组装机1，初步完成USB接口外壳冲所需零件的定位安装。

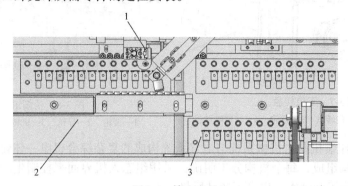

图3-4　第一夹具

1—初步组装机　2—同步带　3—第一夹具

初步组装机如图3-5所示，主要由打孔机1和机械臂3构成，用于完成USB接口外壳所需零部件的定位安装。

第二夹具如图3-6所示，设于工位转盘1上，通过弹簧3施加压力固定USB接口的零部件。同时，转盘上设有八个工位，八个工位上均设置了第二夹具2，可同时对八个USB接口外壳进行精细组装，效率非常高。

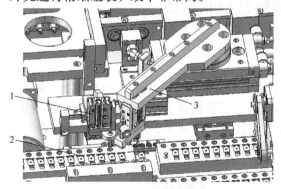

图3-5　初步组装机

1—打孔机　2—第一夹具　3—机械臂

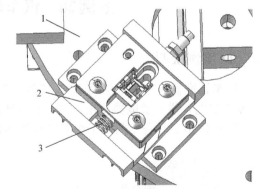

图3-6　第二夹具

1—工位转盘　2—第二夹具　3—弹簧

工位转盘如图3-7所示，通过转位电动机4带动转盘转动，USB外壳将经过三个精细组装机和转位液压机完成整个USB接口的内部和外部零件的安装。

精细组装机如图3-8所示，精细组装机与转位液压机一同设于转盘上侧，主要用于将从导管处运输过来的USB接口零部件通过机械手3准确地进行安装。

4. 机械设计亮点

一般生产USB接口需要多道工序，USB接口虽然小，但是部件多，结构精密，过去生产USB接口，在一条生产线上就需要十几个人进行全手工操作，生产效率低，次品率高。

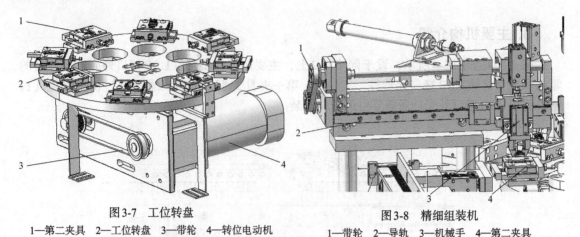

图3-7　工位转盘
1—第二夹具　2—工位转盘　3—带轮　4—转位电动机

图3-8　精细组装机
1—带轮　2—导轨　3—机械手　4—第二夹具

该USB接口自动组装机是由机械系统与电气系统构成的复杂综合机电一体化装置，设计结构精巧，由数个机构组成，每个机构分工明确，采用组态人机界面来控制生产流程，易操作易维护，极大地节省了劳动力，提高了产品质量。

5. 其他功能

1）设有紧急急停、自动计数、故障报警及故障显示与分析等功能。

2）该自动组装机采用部件式结构。当设备各部件，如果没产品或产品没到位，机台各部件会自动报警及提示，并且该部分会自动停止，不影响其他部件的机械操作。

案例26　汽车转换器组装设备

1. 案例说明

汽车转换器是一种能够将12V、24V、36V或48V直流电转换为和市电相同的220V或110V交流电，供一般电器使用，是一种方便的车用电源转换器，汽车转换器如图3-9所示。汽车转换器组装设备专门用于组装汽车转换器，整体俯视图如图3-10所示，主要由电气控

图3-9　汽车转换器

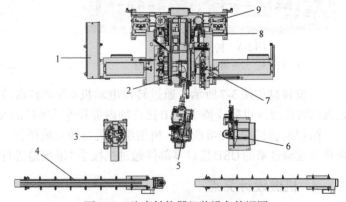

图3-10　汽车转换器组装设备俯视图
1—电气控制箱　2—回转机械手　3—喂料机构　4—同步带　5—搬运机器人　6—打孔机构　7—装配机构　8—搬运机构　9—供料机构

制箱1、回转机械手2、喂料机构3、同步带4、搬运机器人5、打孔机构6、装配机构7、搬运机构8和供料机构9等部件组成。装配机构包括装配支架和定位机构。汽车转换器组装设备能够实现运输、组装一体化，收集成品自动化，能够极大地提高生产效率。

2. 工作原理

汽车转换器组装设备工作时，喂料机构提供汽车转换器的零部件，由搬运机器人将转换器的零部件搬运至装配机构，同时，搬运机构将汽车转换器外壳搬运至装配机构，装配机构将转换器各零部件固定并组装，组装完成后由回转机械手抓取并搬运至打孔机构，完成打孔后搬运至同步带，输出完成组装的汽车转换器。

3. 主要机构介绍

搬运机器人如图3-11所示，由伺服电动机4驱动，该搬运机器人有5个自由度并装有回转机械手1，可同时抓取两只汽车转换器或零部件，极大地提高了工作效率。

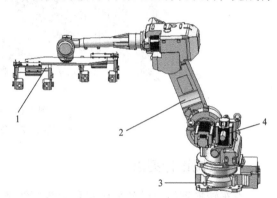

图3-11　搬运机器人
1—回转机械手　2—机械臂　3—底座　4—伺服电动机

搬运机构如图3-12所示，由电动机2控制搬运机构在滑轨3上运行，气缸1和气缸7则分别控制搬运机械手6的水平位移和升降，图3-10中的搬运机构8主要用于将汽车转换器零部件从供料机构5搬运至装配机构4。

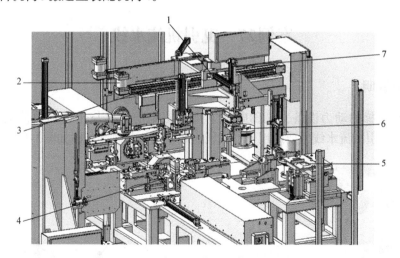

图3-12　搬运机构
1、7—气缸　2—电动机　3—滑轨　4—装配机构　5—供料机构　6—搬运机械手

装配机构如图3-13所示，主要由定位圈1、夹具2和锁紧机构3组成，汽车转换器组装设备工作时，搬运机器人和搬运机构依次将汽车转换器零部件送入装配机构，由夹具2固定零部件并送入定位圈1中，锁紧机构3起动，将汽车转换器各部件锁紧，完成汽车转换器的装配工作。

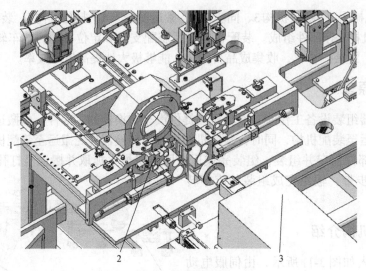

图 3-13　装配机构
1—定位圈　2—夹具　3—锁紧机构

4. 机械设计亮点

　　汽车转换器组装设备采用对称的装配线装配汽车转换器，设备的左右两条装配线可以同时装配两只汽车转换器，再由搬运机器人搬运至打孔机构，搬运机器人设置了回转机械手，可同时抓取两只汽车转换器或零部件。本设备设计结构精巧，每个机构分工明确，极大地提高了工作效率。

案例27　曳引机流水线

1. 案例说明

　　曳引机是电梯的动力设备，又称电梯主机，功能是输出与传递动力使电梯运行，如图 3-14 所示。曳引机流水线主要应用于曳引机组装车间，其总装配图如图 3-15 所示，由平带

图 3-14　曳引机

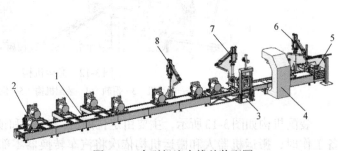

图 3-15　曳引机流水线总装配图
1—平带　2—力矩测试机构　3—转位机构　4—加压机构　5—喂料机
构　6、7、8—装配机械手

1、力矩测试机构2、转位机构3、加压机构4、喂料机构5、装配机械手6、装配机械手7和装配机械手8等部件组成。曳引机流水线可完成装配、总装、输送等生产工艺，自动化程度高，结构合理，同时可以减少操作人数、降低操作人员劳动强度，从而降低企业的运营成本和生产成本，提高生产率和产品质量。

2. 工作原理

曳引机流水线的平衡决定了人员之间、机器之间的平衡，所以需要一个完善的设施规划，使一个工作站要完成的工作总量与分配到该工作站的基本工作单元总数基本一致。曳引机流水线的平衡就是将全部基本工作单元分派到各个工作站，以使每个工作站在节拍（即相邻两产品通过流水线尾端的间隔时间）内都处于繁忙状态，完成较多的工作量，从而使各工作站的闲置时间较少。曳引机流水线的平衡将直接影响到制造系统的生产率。

3. 主要机构介绍

装配机械手如图3-16所示，按抓取的配件不同配有相应的机械手，装配机械手1用于抓取曳引机定子并将其安置于曳引机机架，装配机械手2用于配合转位机构将曳引机旋转，装配机械手3用于抓取曳引机导向轮。

加压机构如图3-17所示，用于将曳引机定子压入曳引机机架。

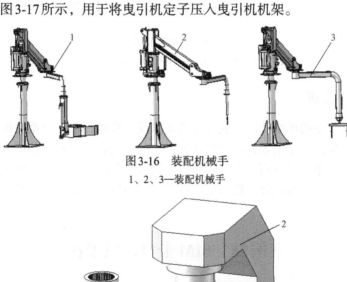

图3-16　装配机械手
1、2、3—装配机械手

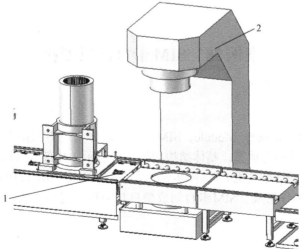

图3-17　加压机构
1—平带　2—加压机构

55

转位机构如图3-18所示，它与装配机械手配合将曳引机转位。转位机构工作时，平带2将曳引机运输至转位机构的夹取机构1的下方，夹取机构夹取曳引机，此时装配机械手抓取曳引机，升降平台3下降，与夹取机构1相连的伺服电动机4起动，带动夹取机构1旋转，从而将曳引机组转位，转位完成后升降平台3上升，平带继续运输曳引机。

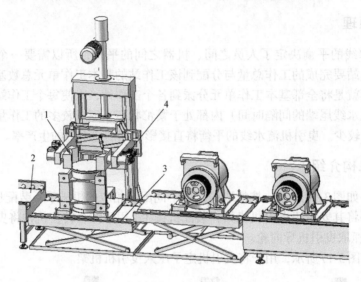

图3-18　转位机构
1—夹取机构　2—平带　3—升降平台　4—伺服电动机

4. 机械设计亮点

为了检测每个工序的拥堵状况，利用专业流水线仿真软件对整个曳引机流水线进行节拍仿真，通过仿真产生的汇总报表得出装配线各工位的最大容量并找到拥堵点。为解决拥堵问题，可以将相应的工序设置成双工位，这样整个流水线可以更高效地在更短的时间内完成一台曳引机的装配。经过仿真设计过程的曳引机流水线拥堵时间最短，能够使智能管理达到极佳状态。

案例28　SIM卡自动成型机

1. 案例说明

SIM（Subscriber Identity Module，SIM）卡，被称为用户识别卡。SIM卡自动成型机主要用于SIM卡的自动熔焊成型，整体结构如图3-19所示，局部放大图如图3-20所示。SIM卡自动成型机主要由振动输送机1和6同步带2、热熔装置3、加压机构4、驱动机构5、出料口7和送料机构8等部件组成。SIM卡自动成型机自动化程度高，能够减少人工操作，提高生产效率。

2. 工作原理

SIM卡自动成型机工作时，由送料振动输送机将未加工的SIM卡冷模通过同步带送入热

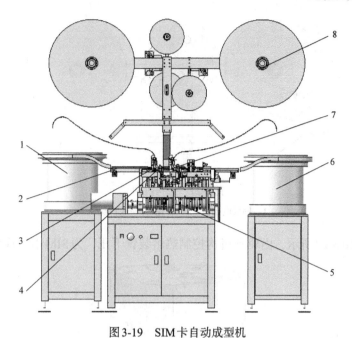

图 3-19　SIM 卡自动成型机

1、6—振动输送机　2—同步带　3—热熔装置　4—加压机构　5—驱动机构
7—出料口　8—送料机构

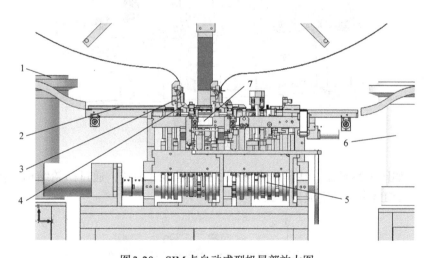

图 3-20　SIM 卡自动成型机局部放大图

1、6—振动输送机　2—同步带　3—热熔装置　4—加压机构　5—驱动机构　7—出料口

熔装置，熔焊接头下压，为 SIM 卡冷模压出卡痕，之后通过同步带运送至加压机构，为 SIM 卡贴膜并冷却固化，同时送料振动输送机送入卡槽，将 SIM 卡与卡槽结合，从出料口输出成型的 SIM 卡。

3. 主要机构介绍

送料机构如图 3-21 所示，由伺服电动机 1 通过带轮 2 带动送料盘 3 转动，将 SIM 卡膜及料带送往加压机构。

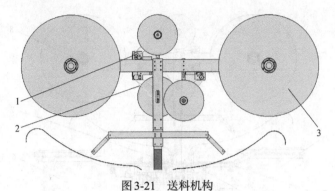

图 3-21　送料机构
1—伺服电动机　2—带轮　3—送料盘

热熔装置如图 3-22 所示，由驱动机构控制热熔装置下压，为 SIM 卡冷模压出卡痕。

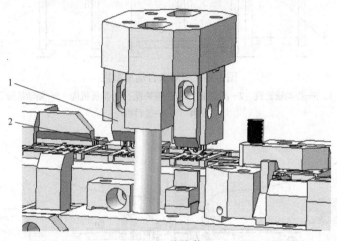

图 3-22　热熔装置
1—热熔接头　2—同步带

驱动机构如图 3-23 所示，由伺服电动机 2 驱动凸轮 3 旋转，通过凸轮结构的优化设计，使同步带 1 上的 SIM 卡按预定成型步骤一步成型。

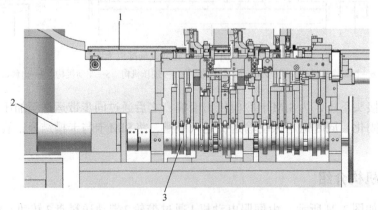

图 3-23　驱动机构
1—同步带　2—伺服电动机　3—凸轮

4. 机械设计亮点

SIM卡的加工步骤繁多，结构复杂，大多都是采取分步半自动化加工，采用人工取放料，尤其是贴膜需要分别对插芯的前后上表面和边块的上表面进行贴膜，无法实现自动连续性贴膜加工，耗费了大量的生产工时。SIM卡自动成型机通过伺服电动机和凸轮机构的设计，能够实现一体化操作，且贴膜机构实现三段膜的无干扰自动贴膜，极大地提高了贴膜的效率。

案例29　E型卡簧装配机

1. 案例说明

E型卡簧也叫E型挡圈，属于紧固件的一种，安装在机器、设备的轴槽中，起着阻止轴上的零件轴向运动的作用，如图3-24所示。E型卡簧装配机用于将E型卡簧自动装配到产品轴槽中，整体结构如图3-25所示，局部放大图如图3-26所示，主要由卡簧压料组装机构1、

图3-24　E型卡簧

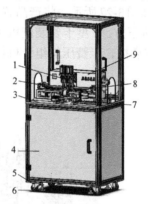

图3-25　E型卡簧装配机

1—卡簧压料组装机构　2—左侧卡簧储料机　3—面板　4—底座　5—滑轮　6—支脚　7—进料载具　8—右侧卡簧储料机　9—电控箱

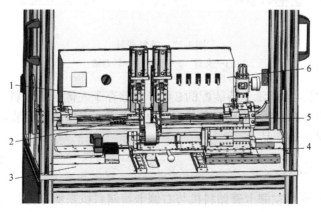

图3-26　E型卡簧装配机局部放大图

1—卡簧压料组装机构　2—左侧卡簧储料机　3—面板　4—进料载具　5—右侧卡簧储料机　6—电控箱

左侧卡簧储料机2、面板3、底座4、滑轮5、支脚6、进料载具7、右侧卡簧储料机8和电控箱9等部件组成。E型卡簧装配机具有占地面积小，工作效率高，牢固耐用，且各部件连接灵活等优点。

2. 工作原理

自动装配机是将产品的若干个零部件通过紧配、卡扣、螺纹连接、黏合、铆合等方式组合到一起，得到符合预定的尺寸精度及功能的成品（半成品）的机械设备。通常采用PLC（可编程序逻辑控制器）控制，PLC接收各种信号的输入，向各执行机构发出指令。机器中配备多种传感器等信号采集设备来监控机器中每一执行机构的运行情况，经判断后由PLC发出下一步的执行指令。

E型卡簧装配机的PLC可以根据实际情况随时做出调控。E型卡簧装配机工作时，待装配产品由进料载具载入工作平台，卡簧压料组装机构通过压力作用向下移动，在卡簧储料机上选取卡簧后将卡簧装配到产品上，完成装配过程。

3. 主要机构介绍

进料载具如图3-27所示，将产品置于进料载具的夹具1上，推动手柄2，将产品置于卡簧压料组装机构下方。E型卡簧装配机工作时，左侧卡簧储料机和右侧卡簧储料机不断输送E型卡簧向中间靠拢，卡簧压料组装机构通过压力作用向下移动，在选取卡簧后将卡簧装配到产品上。

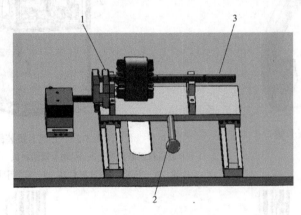

图3-27　进料载具
1—夹具　2—手柄　3—转动轴

进卡簧轨道如图3-28所示，待装配的E型卡簧储存于左侧卡簧储料机3与右侧卡簧储料机4。E型卡簧装配机工作时，推动E型卡簧向中间靠拢，卡簧压料组装机构2由气缸1驱动，将E型卡簧下压并装配到产品上。

4. 机械设计亮点

E型卡簧装配机利用左侧卡簧储料机与右侧卡簧储料机来储存待装配的E型卡簧，电控箱可以根据实际情况随时做出调控，整体结构简单，且各部件连接灵活，自动化程度高，提高了E型卡簧装配的工作效率。同时，在本设备的底部设置了滑轮与支脚，设备移动灵活便利，不仅提高了空间利用率，也使设备工作更加稳定。

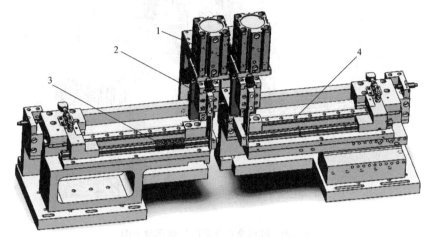

图3-28　进卡簧轨道

1—气缸　2—卡簧压料组装机构　3—左侧卡簧储料机　4—右侧卡簧储料机

案例30　按钮全自动装配机

1. 案例说明

按钮全自动装配机的主要功能是通过转盘的方式把按钮部件取放到一起，不同的工位把不同的按钮部件进行组装，整体结构如图3-29所示，局部放大图如图3-30所示，主要由显示屏1、振动输送机2、机架3、进料机构4、搬运机构5、转盘6和键帽装配机构7等部件组成。按钮全自动装配机可以极大地提高生产效率和产品质量，并降低生产成本。

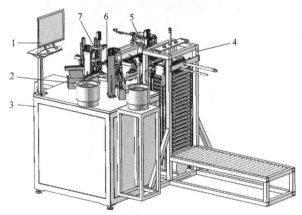

图3-29　按钮全自动装配机

1—显示屏　2—振动输送机　3—机架　4—进料机构　5—搬运机构　6—转盘　7—键帽装配机构

2. 工作原理

按钮底座需要装配4只按钮，依次由4台键帽装配机构装配。按钮全自动装配机工作

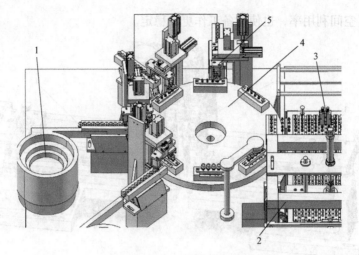

图3-30　按钮全自动装配机局部放大图

1—振动输送机　2—进料机构　3—搬运机构　4—转盘　5—键帽装配机构

时，按钮底座通过进料机构输入到该装配机，搬运机构的夹具将按钮底座夹取并搬运至转盘的定位机构中，同时振动输送机为键帽装配机构提供键帽，转盘回转，键帽装配机构依次为按钮各个按键合上键帽，经检验后输出合格产品，完成按钮的装配工作。

3. 主要机构介绍

进料机构如图3-31所示，按钮底座批量置于运送台2上，进料机构的伺服电动机3带动带轮4转动，进而带动运送台2不断上升，推送机构1由气缸驱动，不断将运送台2上的按钮底座推至搬运机构5的下方。

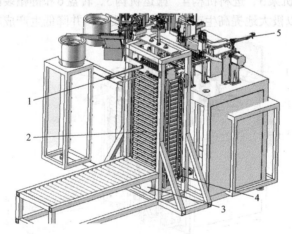

图3-31　进料机构

1—推送机构　2—运送台　3—伺服电动机　4—带轮　5—搬运机构

搬运机构如图3-32所示，由伺服电动机4控制夹具3在水平面内的横向位移，由气缸5控制夹具3在水平面内的垂向位移，夹具3由气缸2控制开合，不断将运送台1上的按钮底座运往转盘6。

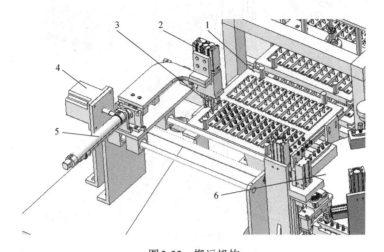

图3-32 搬运机构

1—运送台 2、5—气缸 3—夹具 4—伺服电动机 6—转盘

键帽装配机构如图3-33所示。按钮全自动装配机共配备了4台键帽装配机构，依次为按钮各个按键合上键帽。按钮全自动装配机工作时，振动输送机2为键帽装配机构提供键帽，键帽装配机构的夹具3夹取键帽，将其置于按钮底座上。键帽装配机构由气缸1和气缸5驱动，气缸1通过齿轮传动用于控制夹具3在水平面旋转，气缸5控制夹具3的升降。

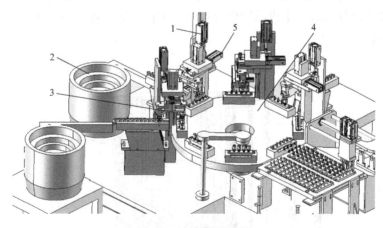

图3-33 键帽装配机构

1、5—气缸 2—振动输送机 3—夹具 4—转盘

4. 机械设计亮点

按钮全自动装配机键帽装配机构的每只夹具可同时夹取两只键帽，如图3-34所示，在夹具3上设有转动配合的转轴，通过气缸1推动齿条2，齿条带动转轴旋转，从而带动夹具3绕转轴转动。按钮全自动装配机通过将气缸与齿轮机构结合，极大地简化了键帽夹取步骤，从而提高了键帽装配速度。

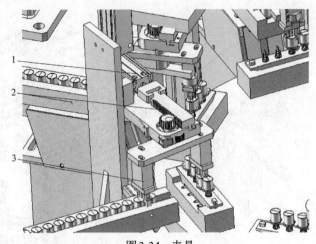

图3-34 夹具

1—气缸 2—齿条 3—夹具

案例31 半成品锁螺钉机

1. 案例说明

半成品锁螺钉机适用于同一工件对多颗相同或不同规格螺钉同时进行高效率锁付，整体结构图如图3-35所示，主要由机架1、供料系统2、锁螺钉机构3、转盘4、出料箱5、搬运机构6和显示屏7等部件组成。半成品锁螺钉机具有工作灵活，效率高，扭力精确，可保证螺钉锁紧质量等优点。

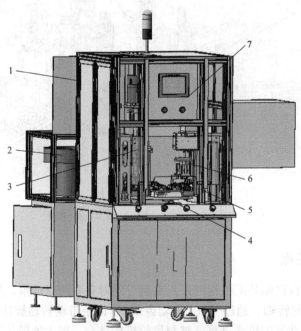

图3-35 半成品锁螺钉机

1—机架 2—供料系统 3—锁螺钉机构 4—转盘 5—出料箱 6—搬运机构 7—显示屏

2. 工作原理

半成品锁螺钉机工作时，搬运机构将需要锁螺钉的产品搬运至转盘的定位机构上，转盘转动，将产品运送至锁螺钉机构，由锁螺钉机构将螺钉锁付，转盘继续转动，输出完成锁付的产品。锁付的螺钉由供料系统提供，当锁螺钉机锁付完一颗螺钉的时候，由来料感应系统将信号传递给信号接收器，信号接收器将指令发给送料感应器，送料感应器开始将料斗的螺钉输送出去，途经来料检测器合格的螺钉将被送入送钉管，再由气压将这颗螺钉由送钉管送至螺钉旋具下等待锁付。当锁付完一颗螺钉的同时，来料感应器再将信号传递给信号接收器，这样的操作一直循环，直到机器关闭。

3. 主要机构介绍

转盘如图3-36所示，在转盘1上共设置了4个工位，在每个工位上都安装了定位机构2，用于固定待锁付螺钉的产品，防止产品脱落造成意外。

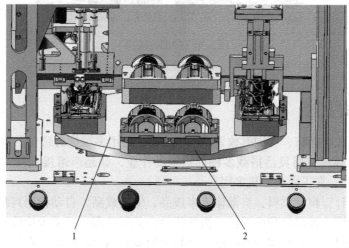

图3-36 转盘
1—转盘 2—定位机构

搬运机构如图3-37所示，由伺服电动机6控制夹具1的水平位移，由气缸5控制夹具1的垂直位移，由气缸4控制夹具1的开合。搬运机构用于将需要锁螺钉的产品搬运至转盘3的定位机构，并将锁付完成的产品搬运至出料箱2。

锁螺钉机构如图3-38所示，检测合格的螺钉从送钉管1被导入锁螺钉机构，此时气缸2起动，控制锁螺钉机构下压，将螺钉由螺钉夹嘴4送至产品螺钉孔等待锁付，之后将产品送至电动螺钉旋具锁紧螺钉。

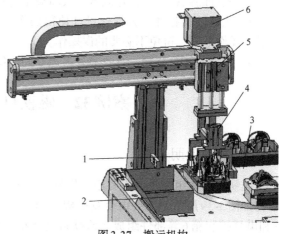

图3-37 搬运机构
1—夹具 2—出料箱 3—转盘 4、5—气缸 6—伺服电动机

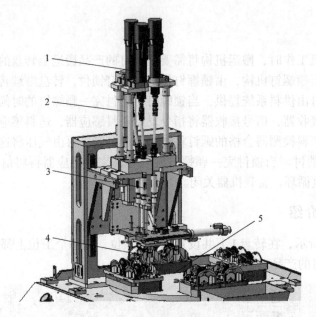

图3-38 锁螺钉机构

1—送钉管 2—气缸 3—螺钉检测机构 4—螺钉夹嘴 5—转盘

4. 机械设计亮点

1) 高效高速放置螺钉，可同时放置4~6颗螺钉，适用多颗螺钉锁付需要。

2) 多功能一体机，可灵活搭载多种周边辅助作业，如超声熔接、移印日期码、零件组立等，多功能一体，真正做到一机多用。

3) 自动化设计，自动供料，自动输入半成品，输出成品，自动检测判断分拣不良品。

4) 智能化检测，锁付过程中浮锁、滑牙等缺陷都不遗漏，可减少检验工序。

5) 高品质的设计，连续作业不间断，平均无故障时间大幅降低，有效提升了生产率。

6) 精密的机械设计，创新的机构设计，调机容易、节省时间，运行稳定可靠。

7) 先进的供料系统，降低卡料故障概率，极大提高综合效益。

8) 优异的操控性，人性化设计使得操作人员无须培训即可上岗操作，并设计不同权限人员的操作范围，避免不必要的误操作。

9) 紧凑的结构布置，有效节省占地空间，维护保养方便。

案例32　磁铁自动化组装设备

1. 案例说明

磁铁自动化组装设备主要用于代替人工进行上料组装，提高磁铁组装作业的效率，整体结构如图3-39所示，主要由点胶机构1、机架2、棘轮分度盘3、磁铁组装设备4、定位机构5和电气控制箱6等部件组成。磁铁自动化组装设备提高了产品的生产良品率，降低了制造成本。

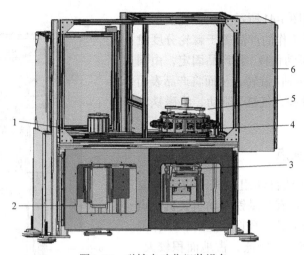

图3-39 磁铁自动化组装设备

1—点胶机构 2—机架 3—棘轮分度盘 4—磁铁组装设备 5—定位机构 6—电气控制箱

2. 工作原理

磁铁自动化组装设备工作时，由点胶机构1对产品进行点胶处理，点胶处理完成后将产品运送至磁铁组装设备4，由棘轮分度盘3对产品进行定位，将铁片运输至指定位置，16个工位同时进行组装动作，从而完成磁铁组装过程。

3. 主要机构介绍

点胶机构如图3-40所示，由气缸2控制底座5将产品固定，气缸4驱动控制挂钩3，通过拨动的方式旋转底座5，由点胶机构1为产品表面点胶。

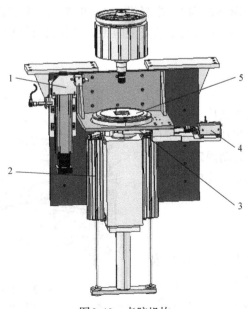

图3-40 点胶机构

1—点胶机构 2、4—气缸 3—挂钩 5—底座磁铁组装设备如图3-41所示。磁铁组装设备工作时，将完成点胶工作的产品置于棘轮分度盘3的中心，由气缸6驱动盖板1将产品固定，由伺服电动机5驱动控制主轴4旋转，从而将产品表面磁铁粘贴位与磁铁对齐，气缸2驱动，将磁铁粘贴至产品表面。

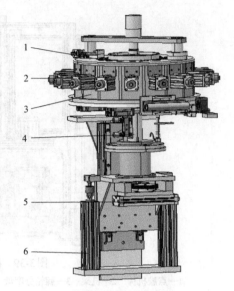

4. 机械设计亮点

目前市场上的磁铁自动组装机不仅结构复杂，而且功能单一。现有的磁铁自动组装机，点胶工作主要由人工加治具组合形式生产，工作强度大、组装精度不高、产能低、占地面积较大，需要人工较多。该磁铁自动组装机与传统人工点胶相比，极大地节省了人力，同时节省了使用空间，较传统点胶粘胶设备可以节省一半空间。同时产品生产过程中的各项数据可以实时监控，便于问题追踪。

图3-41 磁铁组装设备

1—盖板 2、6—气缸 3—棘轮分度盘
4—主轴 5—伺服电动机

案例33 电动机定子填充机

1. 案例说明

电动机定子填充机适用于电动机定子自动装配，整体结构如图3-42所示，主要由定子填充机构1、安装圈2、定子调整机构3、推料机构4、机架5、固定座6和大型机械手7等部件组成，该设备可以有效减少产品与人工的安全隐患，并且具有结构简单，维修方便，加工成本低，生产效率高等优点。

2. 工作原理

将定子固定在定子调整机构上，定子调整机构通过横向位移及转动调整定子位置及角度，此时推料机构推动固定座，将定子与电动机外壳定位装配，完成电动机定子的填充。

3. 主要机构介绍

大型机械手如图3-43所示，用于抓取电动机外壳。电动机定子填充机工作时，控制机械手位于货架上方，气缸5起动，控制机械手垂直下移至定子所在高度，同

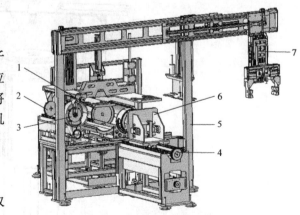

图3-42 电动机定子填充机

1—定子填充机构 2—安装圈 3—定子调整机构 4—推料机构
5—机架 6—固定座 7—大型机械手

时气缸 3 起动，控制机械手张开并抓取电动机外壳，此时气缸 5 控制机械手上升，电动机 6 起动，控制机械手横向移动，将电动机外壳运输至固定座。

定子填充机构如图 3-44 所示，工作时，电动机外壳置于柱状的填充机构中，由外壳调整机构 6 调节电动机外壳角度，此时，气缸 2、气缸 3、气缸 4 和气缸 5 起动，推动盖板 1 和盖板 7 紧密结合，固定电动机外壳，使其与定子装配角度一致。同时定子调整机构将定子运送至定子填充机构，推料机构推动固定座平移，将定子推进外壳内部。

推料机构如图 3-45 所示，由电动机 2 和电动机 3 驱动，推动电动机外壳与定子紧密结合。

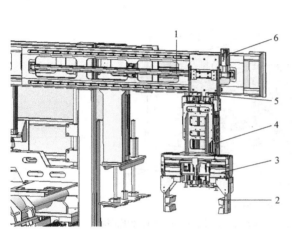

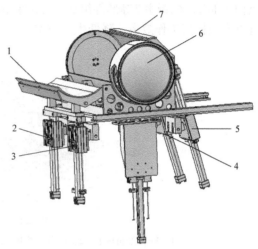

图 3-43　大型机械手
1、4—导轨　2—垫片　3、5—气缸　6—电动机

图 3-44　定子填充机构
1、7—盖板　2、3、4、5—气缸　6—外壳调整机构

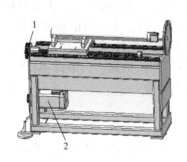

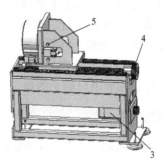

图 3-45　推料机构
1、4—带轮　2、3—电动机　5—固定座

4. 机械设计亮点

电动机定子填充机使用时可以利用推料机构带动定子圈向装备圈方向靠近，从而使定子圈嵌套在装备圈的一端，然后定子填充机构加压，从而将装备圈四周缠绕的铜丝挤入到定子圈中，完成定子圈的加工。加工完成后，通过连接绳拉动推料板从而将嵌套在装备圈外部的定子圈推出装备圈，完成产品的卸料工作，通过此种方式可以有效提高加工效率。

案例34　自动装鱼叉机

1. 案例说明

VGA端子〔Video Graphics Array(VGA)connector〕通常用在计算机的显示卡、显示器及其他设备，用作发送模拟信号。自动装鱼叉机适用于VGA端子鱼叉的安装，整体结构如图3-46所示，主要由组装机械手1、送料机构2、传送导轨3、送料机构4、底座5、铆钉加压机构6和组装机械手7等部件组成。自动装鱼叉机具有简单耐用，生产过程稳定高效等优点，可以有效提高工作效率，降低生产成本。

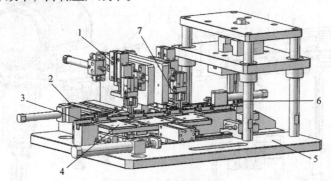

图3-46　自动装鱼叉机

1、7—组装机械手　2、4—送料机构　3—传送导轨　5—底座　6—铆钉加压机构

2. 工作原理

自动装鱼叉机工作时，串口端子半成品从传送导轨左侧输入，由送料机构整理运输，送料机构输入鱼叉和铆钉，并在气缸的推动下组合，组合完毕后由组装机械手1抓取鱼叉组件并运送至串口端子左侧。同理，组装机械手7将鱼叉组件抓取至串口端子右侧。同步带持续作业，将组装鱼叉的串口端子半成品运输至铆钉加压机构，由铆钉加压机构加压固定鱼叉，加压完成后输出组件，完成串口端子的鱼叉安装作业。

3. 主要机构介绍

送料机构如图3-47所示，主要由3块夹板、2只气缸和挡块组成，串口端子半成品从传送

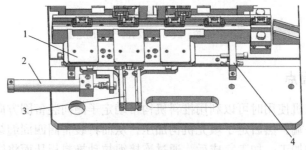

图3-47　送料机构

1—夹板　2、3—气缸　4—挡块

导轨左侧输入，由气缸2控制夹板横向位置，气缸3控制夹板垂向位置，依次将串口端子半成品输送至组装、加压等工序。

送料机构及组装机械手如图3-48所示，串口端子鱼叉零部件分别从导轨2和导轨3导入，气缸4推动零部件在导轨2末端组合，组合好的鱼叉由组装机械手1移送放置于串口端子半成品左侧槽位。

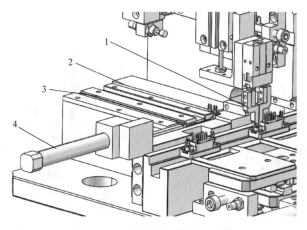

图3-48 送料机构及组装机械手
1—组装机械手 2、3—导轨 4—气缸

4. 机械设计亮点

自动装鱼叉机通过预先设置的卡接块和卡接槽，能够很好地将各个板体卡接在一起，能够很好地避免传统安装技术中螺钉安装较慢，无法拆卸的情况发生，同时占用空间较小，节省了成本，具有很好的创新性和实用性。

案例35 定子封装机

1. 案例说明

电动机由定子、转子和其他附件组成，定子封装机主要用于封装电动机的定子，整体结构如图3-49所示，主要由支架1、上模2、凸台3、下模4、顶杆柱5、电气控制箱6等部件组成。定子封装机具有结构紧凑、效率高等特点，而且可以根据不同尺寸的电动机，配套采用不同的模具进行作业。

2. 工作原理

定子封装机工作时，操作人员将定子总成置于坐盘上，线圈通过定位柱、下模凸台进行定位，使其层叠均匀排布在下模上，将线圈的引出端、连接端分别放入引出端槽口、连接端槽口，将一字片放入一字片放置槽口。将上模与下模合模，线圈绕组被固定于封装模具之中，将高分子材料通过注入口注入封装模具，待线圈绕组封固后，使用顶杆柱从顶杆柱孔将定子盘顶出，将多相线圈绕组的连接端焊接，形成电动机定子。

3. 主要机构介绍

上模结构如图3-50所示，由气缸1和气缸5驱动，上模设有压盘3，由气缸2和气缸4驱动，和下模一起合作固定电动机定子。

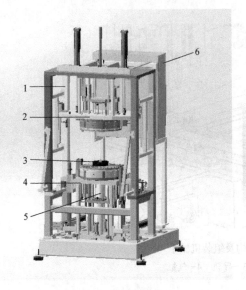

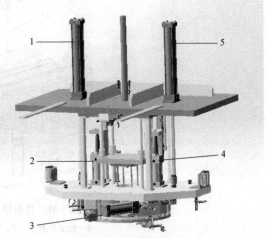

图3-49　定子封装机
1—支架　2—上模　3—凸台　4—下模
5—顶杆柱　6—电气控制箱

图3-50　上模
1、2、4、5—气缸　3—压盘

下模结构如图3-51所示，下模的升降由气缸1和气缸7驱动，坐盘3上方布置有定位柱8，用于定位线圈，凸台2用于固定定子，气缸4和气缸6用于控制坐盘3的升降。定子封装机工作时，将上模与下模合模，线圈绕组被固定于封装模具之中，将高分子材料通过注入口注入封装模具，待线圈绕组封固后，使用顶杆柱5将定子盘顶出。

图3-51　下模结构
1、4、6、7—气缸　2—凸台　3—坐盘　5—顶杆柱　8—定位柱

4. 机械设计亮点

1）在使用中无须对线圈进行前置整形工作，而是在压制过程中一次成形，工艺更为简单。

2）自动在电动机定子上产生加强筋、散热通孔、线圈表面覆盖层，在电动机使用过程中线圈不容易被拉出，且具有较好的散热效果，能够做大电动机的功率。

3）封装模具所具有的内、外定位柱对线圈起定位作用，保证了线圈的形位精度，保证了批量产品的一致性。

案例36　铜头组装机

1. 案例说明

铜头组装机用于快速精密地对铜头进行定位组装，整体结构如图3-52所示，局部放大图如图3-53所示，主要由出料机构1、振动输送机2、机架3、组装机械手4、转盘5、底模6（图3-53中显示）和加压成型装置7（图3-52中为6）等机构组成。铜头组装机具有成本低，使用方便，效率高等优点。

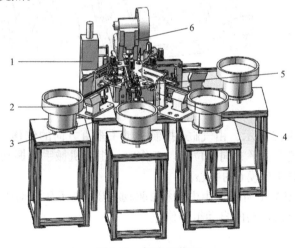

图3-52　铜头组装机

1—出料机构　2—振动输送机　3—机架　4—组装机械手　5—转盘　6—加压成型装置

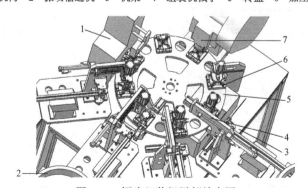

图3-53　铜头组装机局部放大图

1—出料机构　2—振动输送机　3—机架　4—组装机械手　5—转盘　6—底模　7—加压成型装置

2. 工作原理

铜头组装机工作时，振动输送机将铜头的各零部件排列整齐并输送至组装机械手下方，由4个工位的组装机械手根据底模依次对铜头进行组装。各部件组装完成后，转盘将组装件运输至加压成型装置，由加压成形装置对组装件的外贴片和内芯进行加压固定，从而完成铜头的自动组装作业。组装完成的铜头由出料机构抓出底模并运送至下一工序。

3. 主要机构介绍

底模如图3-54所示，铜头组装机共设有8个工位，底模分别安装在转盘的8个工位上，用于依次安装铜头的各个零部件。

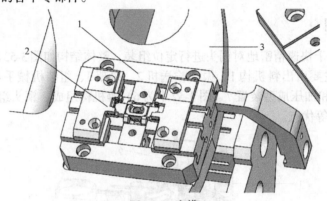

图3-54　底模

1—底模　2—夹具　3—转盘

组装机械手如图3-55所示，由气缸1控制机械手垂直方向的位移，气缸2控制机械手的开合，气缸3控制机械手水平方向的位移。工作时，组装机械手从振动输送机的出料轨道上夹取零件，并准确安置于底模6的中心。

加压成型装置如图3-56所示，由电动机2驱动加压头1下压，对组装件的外贴片和内芯进行加压固定，从而完成铜头的自动组装作业。

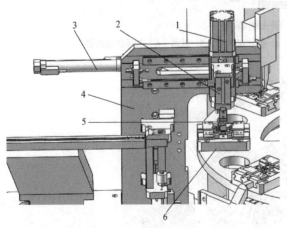

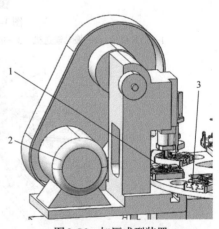

图3-55　组装机械手

1、2、3—气缸　4—组装机支架　5—机械手　6—底模

图3-56　加压成型装置

1—加压头　2—电动机　3—底模

4. 机械设计亮点

铜头组装机底板上方设有旋转盘，旋转盘与电动机连接，旋转盘同时与送料机构连接，送料机构与送料滑台连接，送料滑台与振动输送机连接，旋转盘上设有操作按钮，旋转盘上共设有4个送料机构。铜头组装机可以快速精密地对铜头进行定位组装，成本低，使用方便，节约时间。

案例37　双转塔式组装机

1. 案例说明

双转塔式组装机整体结构如图3-57所示，俯视图如图3-58所示，主要由塔式机器人1、电气控制箱2、机架3、自动组装机构4、转盘5、送料机构6、元件检测机构7等部件组成。双转塔式组装机具有运行稳定，成品率高，工作效率高等优点。

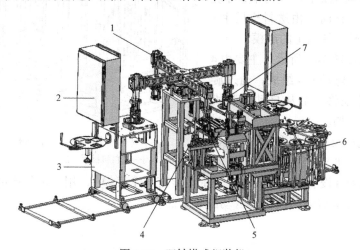

图3-57　双转塔式组装机

1—塔式机器人　2—电气控制箱　3—机架　4—自动组装机构　5—转盘　6—送料机构　7—元件检测机构

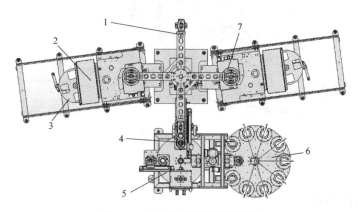

图3-58　双转塔式组装机俯视图

1—塔式机器人　2—电气控制箱　3—机架　4—自动组装机构　5—转盘　6—送料机构　7—元件检测机构

2. 工作原理

双转塔式组装机工作时，需要装配的零件装入配套送料机构中，送料机械手将产品内芯送至自动组装转盘，同时塔式机器人将检验合格的产品零件送入组装转盘，转盘共设有4个工位，每个工位设有底模，自动组装机构通过控制伺服电动机与气缸实现自动组装产品。其中，在装配组件的时候，可以先在泵体内喷入润滑油，这样生产出来的产品更加耐用。

3. 主要机构介绍

送料机构如图3-59所示，待组装的产品零件置于置物架2中，置物架2可绕中心轴3转动，工作时，由送料机械手1将零件取出并运输至转盘上的底模。

塔式机器人如图3-60所示，主要由4只机械臂1和中心电动机4组成，通过旋转，分批次有序地将产品从自动组装机构送入元件检测机构。

自动组装机构及转盘如图3-61所示，转盘4由转盘电动机5驱动绕中心轴顺时

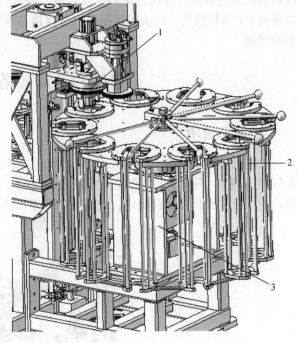

图3-59　送料机构
1—送料机械手　2—置物架　3—中心轴

针方向旋转，转盘4设有4个工位，每个工位装有一个底模3，用于定位产品零件。自动组装机构通过气缸和伺服电动机实现自动组装产品。

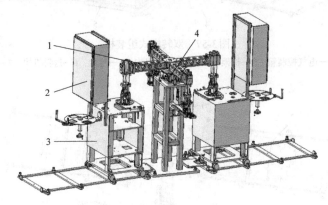

图3-60　塔式机器人
1—机械臂　2—电气控制箱　3—机架　4—中心电动机

4. 机械设计亮点

现有技术下的组装机的换向机构，属于定制化强，通用性差的设备，同时，现有技术下

的双转塔式组装机的换向机构，调节高度及机构的安装角度都很困难。双转塔式非标组装机通过伺服电动机带动调节定位块实现产品的换向，换向响应速度快，精度高，同时检测装置能够准确检测产品的有无和是否有叠料。

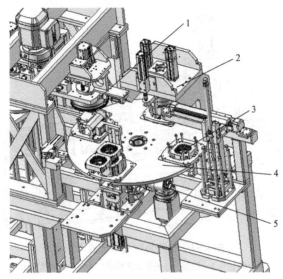

图3-61　自动组装机构及转盘

1—送料机械手　2—自动组装机构　3—底模　4—转盘　5—转盘电动机

案例38　管路装配机

1. 案例说明

管路是生产作业中经常会用到的介质传输机构，一般由连接件和管件组成，连接件和管件如图3-62所示。为了保证管路中的介质不会溢出，管件必须与连接件紧密贴合，不得有间

图3-62　连接件和管件

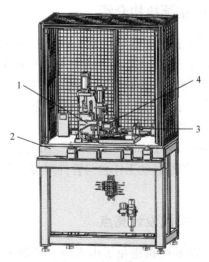

图3-63　管路装配机

1—压管装置　2—机架　3—移动工作台　4—自动装配机构

隙。本设备为管路装配机，整体结构如图3-63所示，局部放大图如图3-64所示，主要由压管装置1、机架2、移动工作台3和自动装配机构4等部件组成。管路装配机将管路一次装配完成，极大提高了工作效率，保证了产品生产的质量和一致性。

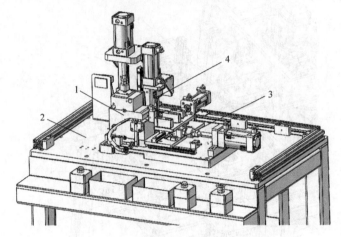

图3-64　管路装配机局部放大图

1—压管装置　2—机架　3—移动工作台　4—自动装配机构

2. 工作原理

管路装配机主要完成管件端口压制、套头等工序。管路装配机工作时，先将产品置于压管装置的连接件限位槽中，气缸驱动限位支撑块固定管件，之后气缸驱动控制移动工作台与管件对接，并固定管件接口，此时自动装配机构的气缸驱动控制装配头下移并旋紧连接件和管件，管路装配完成后，压管装置和移动工作台松开管件，取出装配完成的管件。

3. 主要机构介绍

压管装置和自动装配机构如图3-65所示，管路装配机工作时，将产品置于限位槽3中，气缸1驱动限位支撑块2下压固定管件。自动装配机构由气缸5驱动，控制装配头4下移并旋紧连接件和管件。

移动工作台如图3-66所示，由气缸1和气缸4驱动，控制移动工作台与管件对接，并固定管件接口。

4. 机械设计亮点

管路装配机避免了由工作人员的主观意识所造成的判断结果的不准确，因而可以实现对管

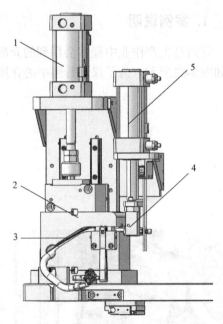

图3-65　压管装置和自动装配机构

1、5—气缸　2—限位支撑块　3—限位槽　4—装配头

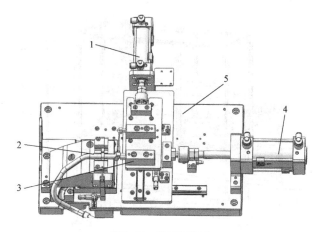

图3-66 移动工作台

1、4—气缸 2—限位槽 3—对接头 5—工作台

件与连接件是否紧密贴合的准确判断，从而提高了管路装配的质量，降低了废品率，不仅保证了生产作业的正常进行，而且还可以节省管路的维护成本。同时由于使用连接件限位槽对连接件进行限位，因而避免了连接件在装配时发生位移，保证了装配得到的管路的尺寸正确无误，从而提高了管路装配的精度。

5. 注意事项

1）连接管路时，应使管子有足够的变形余量，避免使管子受到拉伸力。

2）连接管路时，应避免使其受到侧向力，侧向力过大会造成密封不严。

3）连接管路时，应一次性连接好，避免多次拆卸，否则也会使密封性能变差。

案例39 机壳装配机

1. 案例说明

机壳装配机适用于定子机壳的自动化装配，整体结构如图3-67所示，主要由推送机构1、角度调节机构2、输送机构3、机壳装配机构4、机械手5、控制箱6和机架7等部件组成。机壳装配机具有装配精度高，自动化程度高，装配效率高等优点，能够极大地节省人力成本。

2. 工作原理

机壳装配机工作时，待组装的机壳配件通过输送机构运送至机械手的下方，通过控制箱控制机械手抓取机壳配件搬运至机壳装配机构，机壳装配机构的底座对是否有机壳配件以及机壳的角度进行检测，并将检测到的角度信息发送给控制箱，控制箱根据接收到的角度信息控制角度调节机构对机壳配件进行角度调整，直至机壳角度符合要求，此时对机壳进行组装，完成装配后机械手将组装好的机壳拾取并放置于输出轨道，由推送机构推送出组装好的机壳。

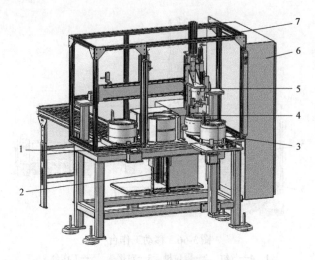

图3-67　机壳装配机

1—推送机构　2—角度调节机构　3—输送机构　4—机壳装配机构　5—机械手　6—控制箱　7—机架

3. 主要机构介绍

　　输送机构如图3-68所示，输送机构工作时，将待组装的机壳置于机壳底座2上，由伺服电动机3驱动，将机壳底座2连同待组装的机壳沿着导轨1运送至机械手的下方。

　　机械手如图3-69所示，由伺服电动机4控制机械手3沿着导轨2做横向水平运动，由气缸1控制机械手3垂直方向上的位移，机械手3采用内部扩张的方式固定并夹取机壳组件。

　　机壳装配机构如图3-70所示，机壳装配机构1工作时，由机械手搬运机壳组件至机壳装配机构的上方并缓慢落下，由角度调节机构2接取机壳组件同时找正机壳组件的位置和角度，找正完成后由人工装配机壳组件。

　　推送机构如图3-71所示，由伺服电动机2驱动控制，不断将组装好的机壳推送至输出轨道1并送往下一工序。

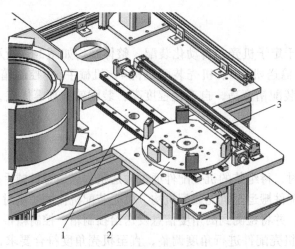

图3-68　输送机构

1—导轨　2—机壳底座　3—伺服电动机

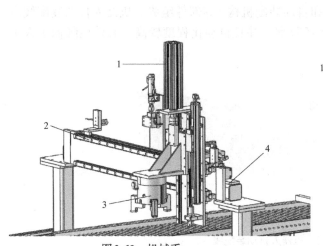

图 3-69　机械手

1—气缸　2—导轨　3—机械手　4—伺服电动机

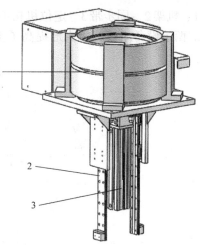

图 3-70　机壳装配机构

1—机壳装配机构　2—角度调节机构　3—气缸

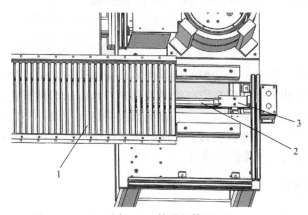

图 3-71　推送机构

1—输出轨道　2—伺服电动机　3—推送机构

4. 机械设计亮点及注意事项

1）机壳装配机能够检测机壳的位置以及角度是否符合要求，并通过控制器控制角度调节机构进行调节。

2）工位操作人员要戴手套操作，防止注塑件沾染油污、汗渍等。

3）装配前应对电动机机壳进行质量检查，表面不应有明显的划伤、裂纹、变形，表面涂敷层不应起泡、龟裂和脱落。

4）面板、机壳和其他部件的连接装配程序一般是先轻后重、先低后高、先里后外。

案例40　机器人自动装配线

1. 案例说明

机器人自动装配线可应用于产品的自动化装配，整体结构如图 3-72 所示，主要由五轴机器人1、机架2、同步带3、定位机构4和自动装配机构5等部件组成。机器人自动装配线由对称的两组设备组成，极大地提高了生产效率，并且自动化程度较高，有效地降低了人工成本。

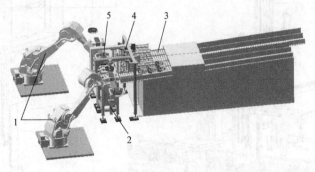

图3-72　机器人自动装配线
1—五轴机器人　2—机架　3—同步带
4—定位机构　5—自动装配机构

2. 工作原理

机器人自动装配线工作时，待装配的组件由同步带运输至定位机构，由定位机构调整产品角度，使产品的配件相契合，同步带继续输送调整好角度的产品至自动装配机构，由自动装配机构完成自动装配。装配完成后，由五轴机器人搬运至货架，完成产品的自动化装配作业。五轴机器人抓取部位装有两只夹具，可同时搬运两个产品，极大地提高了设备的工作效率，同时也提高了装配人员工作的安全性。

3. 主要机构介绍

五轴机器人如图3-73所示，由伺服电动机1驱动控制，同时在五轴机器人的机械手2设置了两只夹具，可同时搬运两个产品，极大地提高了设备的工作效率。

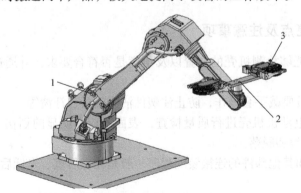

图3-73　五轴机器人
1—伺服电动机　2—机械手　3—夹具

定位机构如图3-74所示，待装配的组件由同步带3运输至定位机构，当自动装配机构正在进行装配的时候，由气缸1控制固定柱2下压，将待装配的组件固定在同步带3上，阻止产品继续运送至自动装配机构并调整产品角度，使产品的配件相契合。

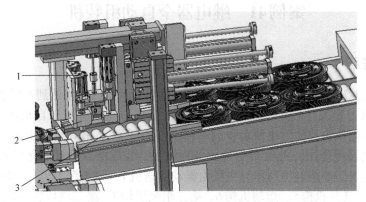

图3-74 定位机构

1—气缸 2—固定柱 3—同步带

自动装配机构如图3-75所示，调整好角度的产品由同步带运送至自动装配机构，通过底座2将组件固定，此时伺服电动机3起动，将产品组件进行装配，装配完成的产品由五轴机器人搬运至货架。

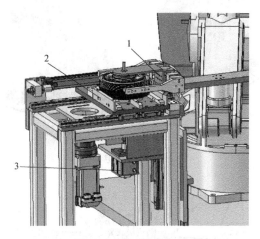

图3-75 自动装配机构

1—夹具 2—底座 3—伺服电动机

4. 机械设计亮点

1）五轴机器人抓取部位装有两只夹具，可同时搬运两个产品，极大地提高了设备的工作效率，同时也提高了装配人员工作的安全性。

2）由于采用了高灵敏度及高精度的传感器检测手段，保证了检测的精确性及稳定性，不易有动态误差，无累积误差，精度较高。

3）采用数字化自动控制，速度高、动态响应快、运动惯性小。

4）结构紧凑稳定，机器刚性高，承载能力大，占用空间较小。

5）可根据生产需要安装高精度夹具，灵活性高、适用性强。

案例41　继电器全自动组装机

1. 案例说明

继电器如图3-76所示，是一种电控制器件，是当输入量的变化达到规定要求时，在电气输出电路中使被控量发生预定的阶跃变化的一种电器，通常应用于自动化的控制电路中，它实际上是用小电流去控制大电流运作的一种"自动开关"，故在电路中起着自动调节、安全保护、转换电路等作用。继电器全自动组装机是组装继电器的自动化设备，整体结构如图3-77所示，俯视图如图3-78所示，主要由振动输送机1、同步带2、第一转位机构3、第一送片机构4、第二送片机构5、送端机构6、第二组装机构7、第二转位机构8、第二搬运机械手9、第一搬运机械手10、第一组装机构11和机架12等部件组成。继电器全自动组装机具有生产效率高，产品合格率高等优点。

图3-76　继电器

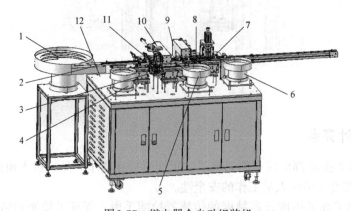

图3-77　继电器全自动组装机

1—振动输送机　2—同步带　3—第一转位机构　4—第一送片机构　5—第二送片机构

6—送端机构　7—第二组装机构　8—第二转位机构　9—第二搬运机械手

10—第一搬运机械手　11—第一组装机构　12—机架

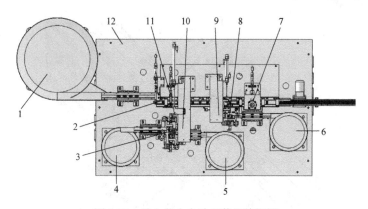

图3-78 继电器全自动组装机俯视图

1—振动输送机 2—同步带 3—第一转位机构 4—第一送片机构 5—第二送片机构 6—送端机构 7—第二组装机构
8—第二转位机构 9—第二搬运机械手 10—第一搬运机械手 11—第一组装机构 12—机架

2. 工作原理

继电器全自动组装机工作时，由振动输送机将继电器的机壳送入同步带中，第一送片机构和第二送片机构分别将第一弹片和第二弹片运送至第一转位机构，起动第一转位机构的气缸，使两个弹片对接，对接完成后的组件由第一搬运机械手搬运至继电器机壳所在的同步带上，由第一组装机构完成组件与机壳的组装。同时送端机构将端子运送至第二转位机构，由第二搬运机械手将端子搬运至继电器机壳所在的同步带上，第二组装机构完成继电器的装配。

3. 主要机构介绍

第一送片机构和第二送片机构如图3-79所示，第一送片机构2和第二送片机构3分别将第一弹片和第二弹片运送至第一转位机构1，第一转位机构1的气缸起动，使两个继电器的弹片对接。

第一转位机构如图3-80所示，由气缸3推动弹片，使两个继电器的弹片相互对接。

第一搬运机械手如图3-81所示，由气缸1驱动控制夹具2的水平位移，将对接好的弹片搬运至继电器机壳所在的同步带上，由第一组装机构完成组件与机壳的组装。

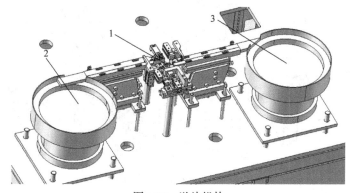

图3-79 送片机构

1—第一转位机构 2—第一送片机构 3—第二送片机构

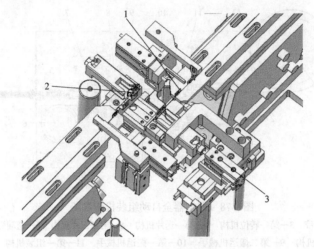

图3-80　第一转位机构
1—第二弹片　2—第一弹片　3—气缸

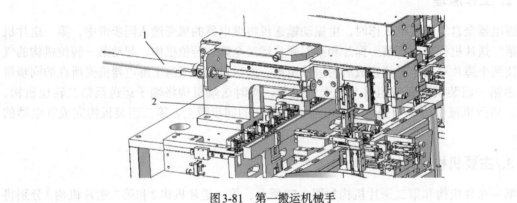

图3-81　第一搬运机械手
1—气缸　2—夹具

第一组装机构如图3-82所示，由气缸1推动，将同步带3上的继电器外壳与由第一搬运机械手搬运过来的弹片组装在一起。

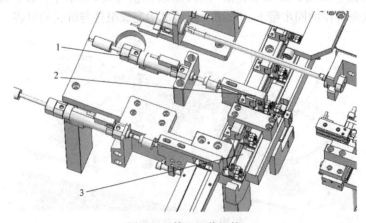

图3-82　第一组装机构
1—气缸　2—组装模具　3—同步带

第二组装机构如图3-83所示，由气缸1驱动下压模具2，将同步带3上的继电器外壳与由第二搬运机械手搬运过来的端子组装在一起。

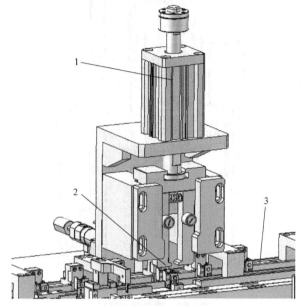

图3-83 第二组装机构
1—气缸 2—模具 3—同步带

4. 机械设计亮点

继电器成品的组装生产流程比较复杂，而现有的生产方式一般采用人工或者半自动的方式去批量生产，因此，其生产效率低、产量低且质量差。继电器自动组装机通过结构设计和流水线优化，实现了高度自动化组装，较现有采用人工或者半自动的组装方式而言，其具有产量大、生产效率高以及质量高的优点。

案例42 减振器充气机

1. 案例说明

减振器充气机是一种减振器专用充气装置，主要用于汽车充气式减振器的生产加工，整体结构如图3-84所示，主要由操作台1、充气装置2、夹紧机构3、机架4、工作台5、升降机构6和配电箱7等部件组成。减振器充气机可以改变传统减振器加工中的充气方式，提高充气生产效率及产品质量，同时减少人工判断的主观性，降低人工劳动强度。

2. 工作原理

减振器充气机工作时，将待充气的减振器置于工作台，起动工作台的伺服电动机，带动工作台及减振器向上移动至夹紧机构所在高度，由夹紧机构的气缸驱动，将减振器夹紧固定，并且保证减振器固定位置准确。充气装置和升降机构连接，升降机构由相连的伺服电动机驱动，带动充气装置沿着丝杠向下移动，由充气装置完成减振器的充气和检测工作。减振

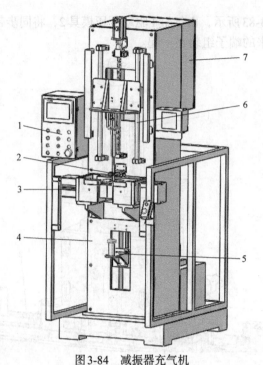

图3-84　减振器充气机

1—操作台　2—充气装置　3—夹紧机构　4—机架　5—工作台　6—升降机构　7—配电箱

器充气机将充气和检测工序集成在一套设备内部，利用检测设备的检测结果控制充气设备工作时的断开与闭合，保证产品的充气效果。

3. 主要机构介绍

工作台如图3-85所示，减振器置于立柱2上，由伺服电动机1驱动控制工作台的升降。

夹紧机构如图3-86所示，由气缸1和气缸3驱动控制夹具2将减振器夹紧固定，并且保证减振器固定位置准确。

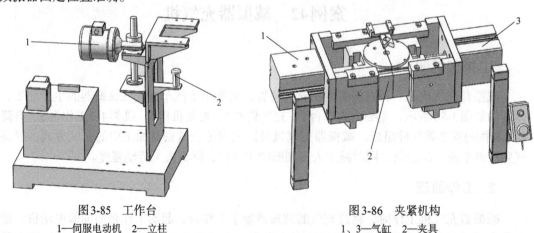

图3-85　工作台

1—伺服电动机　2—立柱

图3-86　夹紧机构

1、3—气缸　2—夹具

充气装置与升降机构如图3-87所示，升降机构由伺服电动机1驱动，通过丝杠2控制充气装置3的升降。

4. 机械设计亮点

与现有技术相比，该减振器充气机采用自动控制模式，操作简单，加工性能安全可靠。将充气和检测工序集成在一套设备内部，利用检测设备的检测结果控制充气设备工作时的断开与闭合，保证产品的充气效果，同时减少人工判断的主观性，降低人工劳动强度，有助于提高产品质量和大规模生产。

5. 注意事项

1）充气机的使用环境温度应在–10~+40℃，海拔不高于1500m。

2）选用合适的进气过滤设备，并定期对充气机进行清洗或更换。

3）在运行过程中注意充气头易损件是否磨损漏气，发现有漏气现象要及时更换易损件。

4）主空气源泄压阀调节的压缩空气压力一般为0.4~0.7MPa，如果压力异常，请停止生产并检查原因，以免测量不正确或充气失败。

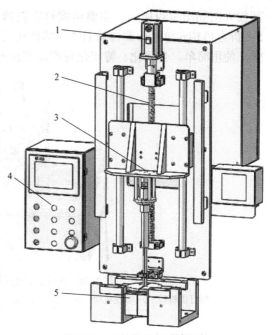

图3-87　充气装置与升降机构

1—伺服电动机　2—丝杠　3—充气装置
4—操作台　5—夹紧机构

案例43　连接品产品自动组装螺钉机

1. 案例说明

连接品产品自动组装螺钉机用于连接品产品自动拧锁螺钉，整体结构如图3-88所示，局

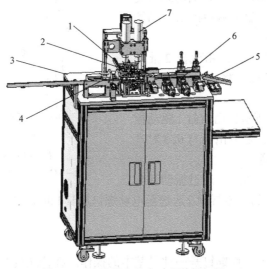

图3-88　连接品产品自动组装螺钉机

1—螺钉供料器　2—找正机构　3—机架　4—移送机构　5—出料机构　6—折弯机构　7—电动螺钉旋具

部放大图如图3-89所示，主要由螺钉供料器1、找正机构2、机架3、移送机构4、出料机构5、折弯机构6和电动螺钉旋具7等部件组成。连接品产品自动组装螺钉机具有操作灵活性强，使用简单，自动化、智能化程度高等优点。

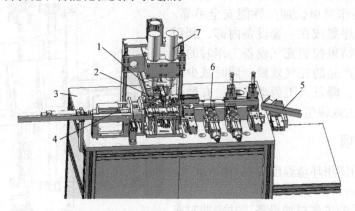

图3-89　连接品产品自动组装螺钉机局部放大图
1—螺钉供料器　2—找正机构　3—机架　4—移送机构　5—出料机构　6—折弯机构　7—电动螺钉旋具

2. 工作原理

连接品产品自动组装螺钉机工作时，首先接通设备电源，产品组件从移送机构处导入，螺钉由螺钉供料器输入，通过找正机构将产品固定于预设位置，电动螺钉旋具所连接的气缸起动，带动电动螺钉旋具下移，为产品拧紧螺钉。移送机构继续推动产品至折弯机构，对产品左右两枚鱼叉进行折弯，折弯完成后从出料机构运出。

3. 主要机构介绍

电动螺钉旋具如图3-90所示，电动螺钉旋具与气缸1相连接，由气缸1驱动控制电动螺钉旋具2沿着导轨3进行升降。

找正机构如图3-91所示，由气缸2推动挡块3，气缸4推动底座5，将产品固定于预设位置。

折弯机构如图3-92所示，由气缸1驱动控制压块2下压固定产品，之后由折弯机3对产品左右两枚鱼叉进行折弯。

螺钉供料器如图3-93所示，通过振动基台3产生持续的振动，让螺钉沿着导轨2运送至电动螺钉旋具1的下方。

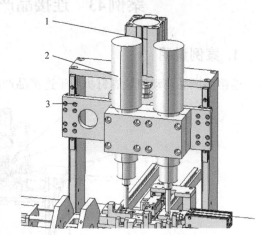

图3-90　电动螺钉旋具
1—气缸　2—电动螺钉旋具　3—导轨

4. 机械设计亮点

在产品的装配过程中，拧螺钉是一种最基本的操作。在传统的装配工艺中一般采用手动螺钉旋具拧螺钉对产品进行装配，这种原始的手动操作方式需要较多的装配人员，其劳动效

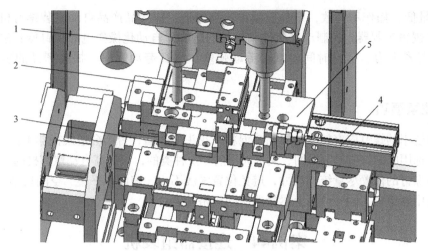

图3-91 找正机构

1—电动螺钉旋具 2、4—气缸 3—挡块 5—底座

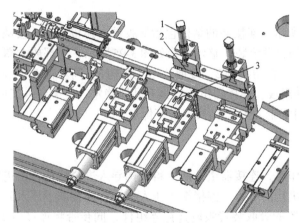

图3-92 折弯机构

1—气缸 2—压块 3—折弯机

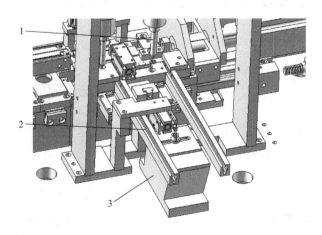

图3-93 螺钉供料器

1—电动螺钉旋具 2—导轨 3—振动基台

率低，产量低，操作不一致，产品质量得不到保证。连接品产品自动组装螺钉机采用PLC（可编程序逻辑控制器）控制产品组件和螺钉的运输，自动化操作电动螺钉旋具进行锁螺钉作业，能节省人力、节省时间、减轻劳动强度、提高劳动效率、提高产品的装配质量和产量。

5. 注意事项

1）所使用的螺钉应有较少的异物、混料、花头等缺陷，否则会造成机器工作不顺畅。
2）所选用的螺钉应是常用的、大批大量的、少种类的，以提高自动螺钉机的使用效益。
3）锁螺钉的位置尽量统一尺寸，避免位置深浅不一、表面不平整、空间狭小等。
4）使用螺钉机，同一产品上尽量选用同规格的螺钉。

案例44　连接器组装机

1. 案例说明

连接器如图3-94所示，连接器的结构包括塑胶件、连接端子、接地片以及盖板，连接器组装机适用于连接器的自动组装，整体结构如图3-95所示，局部放大图如图3-96所示，主要由连接端子压入机构1、裁切机构2、接地片抛光机构3、同步带4、上料机构5和进料机构6（图3-96中无）等部件组成。连接器组装机具有品质稳定，能节省人工成本、降低不良品率，提高生产效率，使得生产标准化，品质提升等优点。

2. 工作原理

连接器组装机工作时，连接器组件从上料机构导入进料机构，由进料机构将连接器组件平移至连接端子压入机构的下方，连接端子压入机构将连接端子压入到塑胶件中并推送到同步带，由同步带上设置的吸取装置吸取连接器组件，同步带将连接器组件运送至裁切机构，对接地片进行定尺寸裁断，裁断后的连接器组件由同步带继续运输至接地片抛光机构，由接地片抛光机构对产品端子的接地片进行抛光作业，完成抛光后输出连接器。

图3-94　连接器

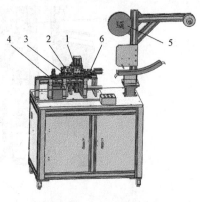

图3-95　连接器组装机
1—连接端子压入机构　2—裁切机构　3—接地片抛光机构
4—同步带　5—上料机构　6—进料机构

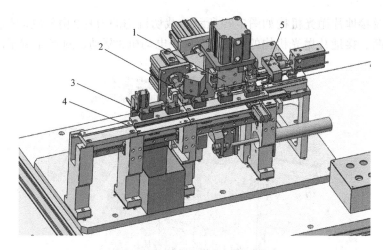

图3-96　连接器组装机局部放大图

1—连接端子压入机构　2—裁切机构　3—接地片抛光机构　4—同步带　5—进料机构

3. 主要机构介绍

　　上料机构如图3-97所示，由伺服电动机1驱动，不断将料带及连接器组件运往进料机构。

　　进料机构及连接端子压入机构如图3-98所示，进料机构由气缸3驱动控制滑块4将连接器组件平移至连接端子压入机构的下方。连接端子压入机构由气缸1驱动控制压块2下移将连接端子压入到塑胶件中，之后气缸5起动，将连接器组件水平推送至同步带并由同步带上的吸取装置吸取连接器组件。

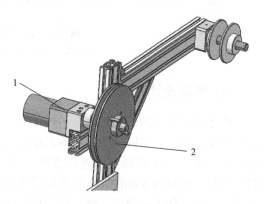

图3-97　上料机构

1—伺服电动机　2—料盘

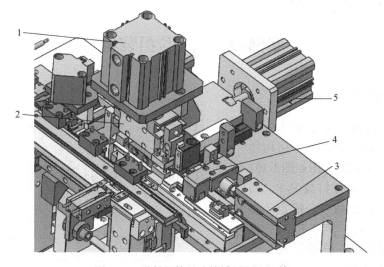

图3-98　进料机构及连接端子压入机构

1、3、5—气缸　2—压块　4—滑块

裁切机构及接地片抛光机构如图3-99所示，裁切机构的刀片2由气缸1驱动，对接地片进行定尺寸裁断，接地片抛光机构的磨轮4由伺服电动机3驱动，对产品端子的接地片进行抛光作业。

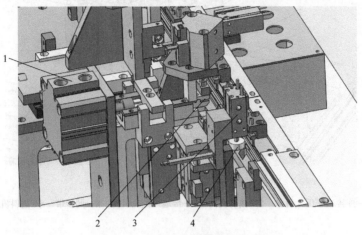

图3-99　裁切机构及接地片抛光机构
1—气缸　2—刀片　3—伺服电动机　4—磨轮

4. 机械设计亮点

由于连接端子的间距过小，传统工艺生产时是采用多个独立的制具，由多人分别操作完成整体组装动作，当同一个机种需求增加时，只能不断的增加多条人工线及生产制具，成本高、效率低、品质不稳定。连接器组装机通过PLC（可编程序逻辑控制器）控制伺服电动机、气缸、电磁阀等部件，人机界面设定相关参数，依据设定的程序自动完成连接器产品的上料、送料、压入、裁切、抛光的全过程生产工序。一台自动组装机仅需一人操作，产能是手工生产线的两倍以上，品质稳定，可以大幅节省人工成本、降低不良品率，提高生产效率，使得生产标准化，品质提升。

案例45　六工位组装机

1. 案例说明

六工位组装机适用于零件数量较多的产品自动组装，整体结构如图3-100所示，局部放大图如图3-101所示，主要由电动螺钉旋具1、固定座2、移载机械臂3、转盘4和机架5等机构组成，六工位组装机具有操作简单快捷，降低了人工劳动强度，提高生产效率，节约成本等优势。

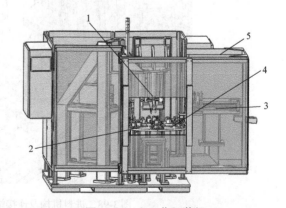

图3-100　六工位组装机
1—电动螺钉旋具　2—固定座　3—移载机械臂　4—转盘　5—机架

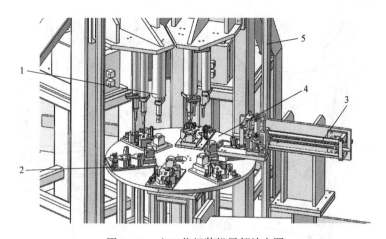

图3-101　六工位组装机局部放大图

1—电动螺钉旋具　2—固定座　3—移载机械臂　4—转盘　5—机架

2. 工作原理

转盘的下方设置由转动电动机，六工位组装机工作时，由移载机械臂将子件运输至工位转盘的固定座上，转盘自动转至下一工位，根据产品需求提前固定电动螺钉旋具的位置，分别由第三工位和第四工位的电动螺钉旋具对产品进行组装，整个系统由PLC（可编程序逻辑控制器）完成对移载机械臂以及转盘的动作控制，动作和位置精准可控。

3. 主要机构介绍

移载机械臂如图3-102所示，由伺服电动机3控制夹具2水平方向上的位移，由气缸1控制夹具2垂直方向上的位移。

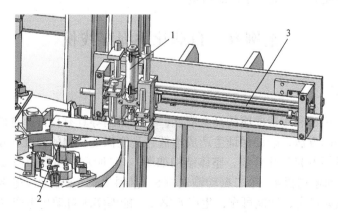

图3-102　移载机械臂

1—气缸　2—夹具　3—伺服电动机

固定座及转盘如图3-103所示，由转动电动机驱动控制转盘2的转动，转盘2上设有6个工位，装有6个固定座1，六工位组装机工作时，需要组装的产品由移载机械臂3置于专门配备的固定座1上。

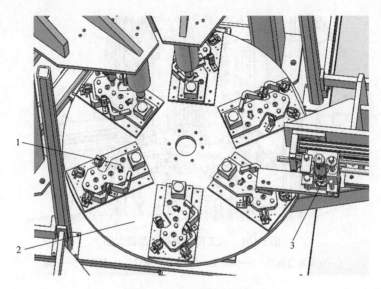

图3-103　固定座及转盘
1—固定座　2—转盘　3—移载机械臂

4. 机械设计亮点

原来零件数量多的产品的组装过程是由人工完成，由于子件数量多，装配费力费时，人工成本过高，生产效率低下，而且外观瑕疵也由目视辨别，存在疏漏和误判的风险。转盘式六工位组装机通过整体设计，整个系统由PLC（可编程序逻辑控制器）完成对移载机械臂和转盘的动作控制，人工只摆放主件，采用移载机械臂搬运各子件至转盘上，动作和位置精准可控，采用可视化的触摸屏设置各种运行参数，操作简单快捷，降低了人员劳动强度，提高了生产效率，节约成本，并提高了产品质量。

案例46　自动化跳绳穿线机

1. 案例说明

在跳绳的生产中，利用聚酰胺的高耐磨性，在聚氨酯等具有良好弹性的材料的跳绳中穿入一串小聚酰胺圈的方法，既能保证生产成本低，又能保证跳绳的弹性与耐磨性。自动化跳绳穿线机适用于跳绳的自动化穿线，整体结构如图3-104所示，主要由橡胶绳1、插针2、插针导轨3、第一振动输送机4、第二振动输送机5、推料机构6和机架7等部件组成，自动化跳绳穿线机具有运动稳定，性能可靠，生产效率高，能够实现自动化生产等优点。

2. 工作原理

在自动化跳绳穿线机的使用过程中，首先将红色小聚酰胺圈放入第二振动输送机，将蓝色小聚酰胺圈放入第一振动输送机，第二振动输送机将红色小聚酰胺圈沿振动输送机导轨输送至推块，第一振动输送机将蓝色小聚酰胺圈沿振动输送机导轨输送至推块，光纤传感器感应红色小聚酰胺圈的位置情况，气缸带动红色小聚酰胺圈运动至插针的正右方，光纤传感器感应蓝色小聚酰胺圈的位置情况，气缸带动蓝色小聚酰胺圈运动至红色小聚酰胺圈的正左方，气缸带动红色小聚酰胺圈与蓝色小聚酰胺圈沿插针导轨穿入插针内，通过该运动方式不断将两种颜色的小聚酰胺圈穿入橡胶绳内，实现自动将两种颜色的小聚酰胺圈按顺序穿入跳绳中的功能。

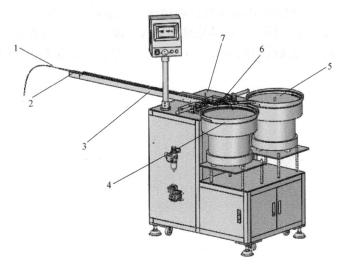

图3-104　自动化跳绳穿线机

1—橡胶绳　2—插针　3—插针导轨　4、5—振动输送机　6—推料机构　7—机架

3. 主要机构介绍

推料机构如图3-105所示，第二振动输送机6将红色小聚酰胺圈沿振动输送机导轨输送至推块7，第一振动输送机3将蓝色小聚酰胺圈沿振动输送机导轨输送至推块2，光纤传感器感应红色小聚酰胺圈的位置情况，气缸8带动红色小聚酰胺圈运动至插针4的正右方，光纤传感器感应蓝色小聚酰胺圈的位置情况，气缸1带动蓝色小聚酰胺圈运动至红色小聚酰胺圈

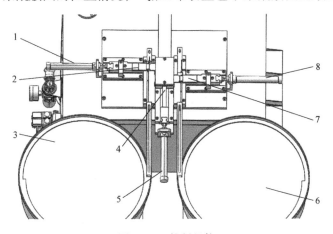

图3-105　推料机构

1、5、8—气缸　2、7—推块　3、6—振动输送机　4—插针

的正左方，气缸5带动红色小聚酰胺圈与蓝色小聚酰胺圈沿插针导轨穿入插针4内，通过该运动方式不断将两种颜色的小聚酰胺圈穿入橡胶绳内。

4. 机械设计亮点

自动化跳绳穿线机利用振动输送机自动运送小聚酰胺圈，采用气缸做原动力执行工作，运动稳定，性能可靠。同时，自动化跳绳穿线机能够自动将两种颜色的小聚酰胺圈按顺序穿入跳绳中，既能提高跳绳的外观，又能解决现有技术中效率低下的问题，实现自动化生产。

机械装配与设计 100 例

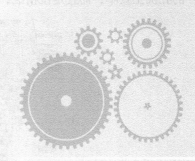

第4章

零部件加工设备

案例47　USB外壳打孔机

1. 案例说明

USB外壳打孔机适用于USB外壳的孔加工，整体结构如图4-1所示，局部放大图如图4-2所示，主要由机架1、预压机构2、孔加工机构3、分度回转机构4、专用模具5、取料机构6和显示屏7（图4-2中未显示）等部件组成，机架1包括框架、工作台面、立板；预压机构2包括气缸和固定板；孔加工机构3包括打孔机、直线导轨、连接板和气缸等；分度回转机构4包括凸轮分度器、电动机、转盘；专用模具5包括底座、心轴定位件、取料件；取料机构6包括取料爪、气缸、移动座、线性导轨和立座；电气控制系统是对USB外壳自动打孔机的

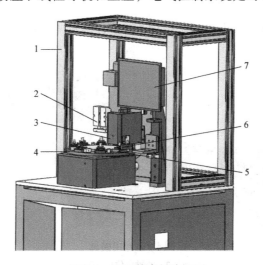

图4-1　USB外壳打孔机

1—机架　2—预压机构　3—孔加工机构　4—分度回转机构　5—专用模具　6—取料机构　7—显示屏

各个部件的各种动作、运动进行自动控制的系统。USB外壳打孔机能够极大地提高USB外壳的孔加工效率，而且定位精准，孔加工精度高。

图4-2　USB外壳打孔机局部放大图

1—机架　2—预压机构　3—孔加工机构　4—分度回转机构　5—专用模具　6—取料机构

2. 工作原理

USB外壳打孔机工作时，将USB外壳安装在专用模具的心轴定位件上，此时分度回转机构的电动机起动，使凸轮分度器开始运行，凸轮分度器带动转盘做回转运动。转盘回转，将专用模具和USB外壳输送到预压机构处，预压机构对专用模具上的USB外壳进行预压紧，转盘第二次回转，将专用模具和USB外壳输送到孔加工机构处，孔加工机构对专用模具上的USB外壳进行孔加工，转盘第三次回转，将专用模具和USB外壳输送到取料机构处，取料机构将加工完毕的USB外壳取出，完成USB外壳打孔作业。

3. 主要机构介绍

专用模具如图4-3所示，由心轴定位件2固定USB外壳，完成打孔后，通过取料件3将USB外壳取出。

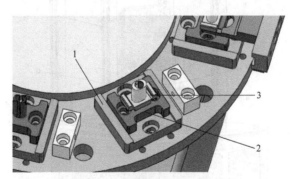

图4-3　专用模具

1—底座　2—心轴定位件　3—取料件

预压机构如图4-4所示，由气缸1控制固定板2下压，将USB外壳固定在专用模具上。

孔加工机构如图4-5所示，由气缸控制孔加工机构的升降，当分度回转机构将固定好的USB外壳运送至孔加工机构的下方时，气缸起动，控制孔加工机构下降，打孔机1为USB外壳打孔。

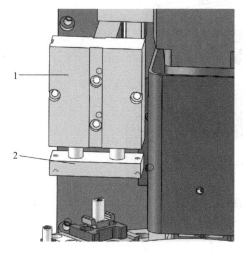 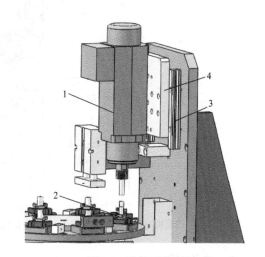

图4-4 预压机构

1—气缸 2—固定板

图4-5 孔加工机构

1—打孔机 2—专用模具 3—直线导轨 4—连接板

4. 机械设计亮点及注意事项

1）在打孔机使用前，一定要检查冲头及下模切削刃处是否有杂物。

2）在冲头上部（冲头上下活动部位）加上润滑油。

3）打孔机持续工作时，保证打孔机加油部位不缺油。

4）打孔机工作时如有异响（非正常打孔机工作时响声），请及时处理。

5）在安装打孔机时切勿用铁制工具敲打打孔机任何部位。

6）使用完毕，把打孔机擦拭干净，主要是冲头及下模部位。

7）在冲头及下模处加上润滑油，把冲头压下至最低位置，方能更好地保护打孔机。

8）工作速度：每分钟高达130次。

9）采用优质电控原件，性能稳定，操作方便。

10）USB外壳打孔机设有多重安全保护装置，以保障操作者安全，延长设备使用寿命，降低产品损耗。

案例48 自动打磨机

1. 案例说明

自动打磨机适用于模具行业对产品的精加工及表面抛光处理，是一款同类气动产品的替代品，整体结构如图4-6所示，主要由滑轨机构1、打磨机构2、加工定位机构3、控制箱4、切削液收集盒5和机架6等部件组成。自动打磨机具有操作简单，打磨精度高、噪声低等优点。

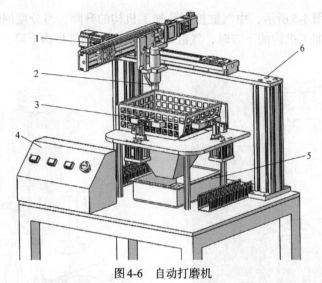

图4-6 自动打磨机
1—滑轨机构 2—打磨机构 3—加工定位机构 4—控制箱 5—切削液收集盒 6—机架

2. 工作原理

打磨加工开始前，将被加工件置于固定架中，加工定位机构固定被加工件，接通电源，调整磨具位置，此时磨具加速旋转并开始打磨被加工件，切削液同步注入。打磨期间磨具恒速旋转，同时，磨具可以通过两条滑轨平移，实现全方位打磨。结束阶段磨具降速旋转并远离被加工件，回收切削液，完成打磨过程。

3. 主要机构介绍

打磨机构如图4-7所示，可以根据需求更换不同型号的磨具3，打磨产品时，切削液通过切削液注入管2同步注入进行降温。

滑轨机构如图4-8所示，由气缸1控制打磨机构2在水平面内的横向位移，由气缸3控制打磨机构2在水平面内的垂直位移。

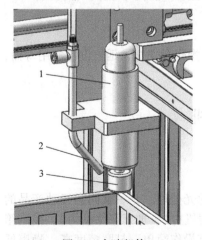

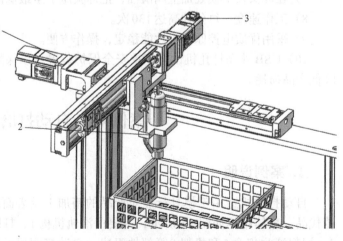

图4-7 打磨机构   图4-8 滑轨机构
1—伺服电动机 2—切削液注入管 3—磨具   1、3—气缸 2—打磨机构

加工定位机构如图4-9所示，待打磨的产品置于固定架2中，可由气缸3和气缸4控制加工定位机构的高度，使产品与打磨机构1充分接触。

图4-9　加工定位机构
1—打磨机构　2—固定架　3、4—气缸

4. 机械设计亮点

该打磨机的打磨工具与拉簧连接，可将拉簧的向上拉力通过打磨工具转化成向下的压力，使打磨机工作部位与产品边缘保持弹性接触，压紧力的大小可以通过拉簧高度调节块来调节。滚动轴承紧贴仿形块的外形滚动并带动整个滑动机构和打磨工具做横向往复运动，使打磨机工作部位与产品之间的压紧力始终保持不变，不会因为打磨机工作部位受力不均而使产品损坏。一般情况下旋转机构旋转一圈就可以将产品毛刺打磨掉。如果碰到比较高的毛刺时，可以设置电动机的旋转圈数多磨一会，圈数可以根据实际打磨效果来确定。

5. 注意事项

1）使用的电源插座必须装有漏电断路器装置，并检查电源线有无破损现象。

2）打磨机在操作时，磨切方向严禁对着周围的工作人员及一切易燃易爆危险物品，以免造成不必要的伤害。

3）打磨机在使用前必须开机试转，检查打磨机运行是否平稳正常。

4）请勿使用其他不配套的磨具。

5）注意检查各电动机散热情况是否良好，气流是否畅通。组装、拆卸时应确保电源已断开，以免造成不必要的损害。

6）注意检查作业盘、作业罩是否在同一水平面，否则会影响作业效果。

案例49　磁环管成型机

1. 案例说明

如图4-10所示，磁环为一块环状的导磁体，是电子电路中常用的抗干扰元件，对于高频噪声有着很好的抑制作用。磁环管成型机主要用于磁环管的自动化生产，整体结构如图4-11所示，主要由水平丝杠1、出料口2、工作台3、进料机构4、机架5、电动机6和磁环管成型机构7等部件组成。磁环管成型机具有运转稳定，安全可靠，噪声小等优点。

图4-10　磁环

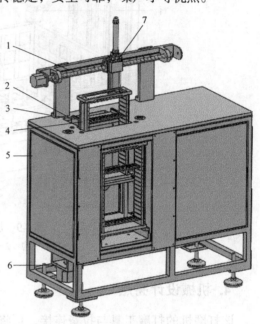

图4-11　磁环管成型机
1—水平丝杠　2—出料口　3—工作台　4—进料机构
5—机架　6—电动机　7—磁环管成型机构

2. 工作原理

磁环管成型机工作时，由垂直于工作台的丝杠将磁环输送至工作台，同时水平丝杠转动，磁环管成型机构为磁环穿套管，经过热缩成型，冷却后的磁环管从出料口输出，从而完成磁环管成型过程。本设备适合于带状二极管的穿磁环和套管成型作业，成型形状为立式。

3. 主要机构介绍

进料机构如图4-12所示，磁环管成型机工作时，装有磁环的货架6置于升降台3上，电动机5起动，通过旋转的垂直丝杠4将升降台3抬高，当货架6与工作台1齐平时，将货架6上的磁环移送至工作台1，货架6上的产品全部送至工作台1后，取出货架6，将下一个装有磁环的货架6装入升降台3。

磁环管成型机构如图4-13所示，待加工的磁环由进料机构4导入工作台，磁环管成型机构5将

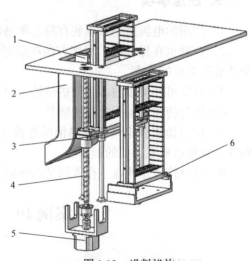

图4-12　进料机构
1—工作台　2—出料口　3—升降台　4—垂直丝杠
5—电动机　6—货架

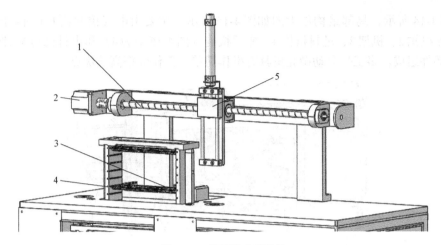

图4-13 磁环管成型机构

1—水平丝杠 2—伺服电动机 3—工作台 4—进料机构 5—磁环管成型机构

套管套入磁环，将磁环管热缩成形。

4. 机械设计亮点

磁环管成型机通过导向机构保证合模精度，避免因发生偏移而导致生产加工出现问题。注塑完成冷却后通过顶出机构将工件顶出。通过注塑槽插接原料出口管，通过锥形注流槽进行注塑操作，熔融塑料原料通过连通槽进入型腔内部，两侧进料使得进料均匀，提高了产品质量。通过气缸带动升降板向上移动，利用顶起杆将工件顶起，顶起杆在工件下方均匀对称设置，顶起时工件受力均匀，提高了导向定位精度，同时避免因偏移而导致导柱导槽等发生机械损坏的情况。

5. 注意事项

1）磁环管成型机必须放正，如果有一边倾斜，成形时容易出现问题，导致成型出来的磁环管带有变型和凹凸不平等现象。

2）固定好磁环管模具并调整好模具，未固定好模具容易出现压出来的磁环管变形，甚至把模具压坏。

3）工作台面不可有杂物，检查各导轨是否已润滑良好。

4）操作人员应避免将手伸入成型机，防止发生意外。

案例50 多工位自动抛光机

1. 案例说明

抛光是指利用机械、化学或电化学的方法，使得工件表面粗糙度值降低，以获得光亮、平整表面的加工方法，是利用抛光工具和磨料颗粒或其他抛光介质对工件表面进行的修饰加工。一般的金属件在生产出来后需要经过打磨和抛光以提高金属表面的平整度，这样才能提高后续电镀等加工工序的质量。多工位自动抛光机可以同时对多个产品进行抛光作业，整体结构如图4-14所示，局部结构放大图如图4-15所示，主要由电气控制箱1（图4-15中未显示）、抛光机构2、机架3、进料机构4、搬运机构（图4-15中为4）和出料机构6（图4-15中为5）等部件组成。多工位自动抛光机具有操作简单、工作效率高等优点。

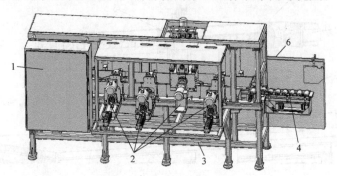

图4-14　多工位自动抛光机
1—电气控制箱　2—抛光机构　3—机架　4—进料机构　6—出料机构

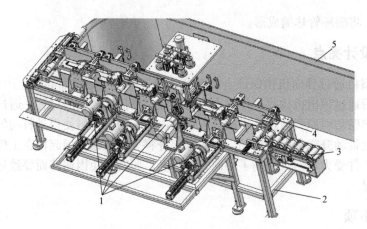

图4-15　多工位自动抛光机局部放大图
1—抛光机构　2—机架　3—进料机构　4—搬运机构　5—出料机构

2. 工作原理

多工位自动抛光机工作时，由PLC（可编程序逻辑控制器）控制各个电动机，配合进行抛光作业。待抛光产品经进料机构进入多工位自动抛光机，搬运机构上设有6个夹具，夹具从进料机构上夹取待抛光产品搬运至抛光机构，由内表面抛光机构和外表面抛光机构对产品进行抛光作业，完成预定表面抛光作业后转入下一工序。多工位自动抛光机设有4个抛光工位，分别由4个抛光工位依次对产品各个表面进行加工。完成抛光作业的产品从出料口输出。

3. 主要机构介绍

进料机构如图4-16所示，由气缸2驱动同步带1横向移动，同步带1设有槽位，保证产品不会因滚动而刮花表面，气缸3和气缸4用于控制同步带1垂直移动，将产品运至搬运机构。

搬运机构的夹具如图4-17所示，夹具1的升降由气缸3控制，并且在夹具1上设有垫片

2，防止夹具1将产品刮花。

内表面抛光机构如图4-18所示，内表面抛光轮1由电动机2驱动，内表面抛光轮1用于抛光产品的内表面。抛光机工作时，夹具4夹取产品定位于内表面抛光机构，此时气缸3驱动，将内表面抛光轮1推送至产品内表面，电动机2运转，当转速达标后开始抛光，夹具4控制产品绕内表面抛光轮旋转，使产品内表面充分抛光。

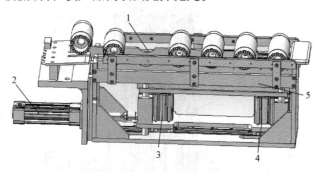

图4-16 进料机构

1—同步带 2、3、4—气缸 5—护栏

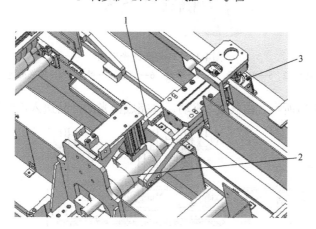

图4-17 夹具

1—夹具 2—垫片 3—气缸

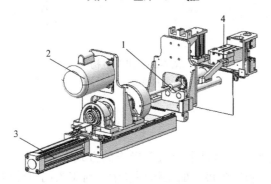

图4-18 内表面抛光机构

1—内表面抛光轮 2—电动机 3—气缸 4—夹具

外表面抛光机构如图4-19所示，外表面抛光轮8由电动机2驱动，抛光机工作时，夹具7夹取产品至滚轴6，此时电动机2和电动机5起动，控制外表面抛光轮8和滚轴6转动，气缸1控制外表面抛光轮8缓慢下降至与产品外表面接触，从而抛光产品外表面。

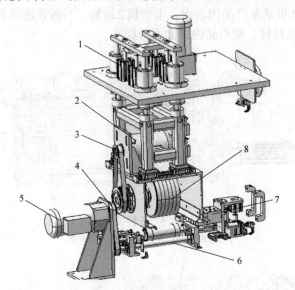

图4-19　外表面抛光机构
1—气缸　2、5—电动机　3、4—带轮　6—滚轴　7—夹具　8—外表面抛光轮

出料机构如图4-20所示，由气缸2驱动，将完成抛光的产品送入出料轨道1。

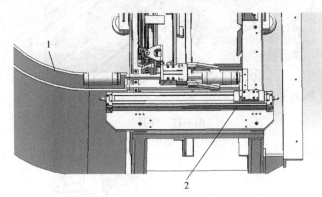

图4-20　出料机构
1—出料轨道　2—气缸

4. 机械设计亮点

目前许多机械抛光加工仍然是采用人工操作的方式完成，工人在进行抛光作业的过程中，需要长期工作在噪声和粉尘极大的工作环境中，对工人的身体健康带来极大的危害；其次是人工抛光的效率低，工人长时间在恶劣的环境中工作，工作效率难免会降低；同时人工抛光的质量参差不齐，抛光的精度难以把握和控制。多工位自动抛光机由PLC（可编程序逻辑控制器）控制多个电动机配合进行抛光工作，设置了多个抛光工位，能够一次性对多个工

件进行抛光工作；将抛光机设置于封闭环境中，工人只需要按预设时间更换抛光金属件即可，无须长时间工作在粉尘和噪声极大的工作环境中。部分抛光工位与工作台顶部呈一定夹角，可满足不同的金属件的抛光需要，扩大了抛光机的应用范围。

5. 注意事项

1）操作自动抛光机之前，需先检查电源。抛光机安全开机的具体流程是先连接外电源，然后打开设备电源总开关，最后打开设备电源起动开关。

2）工作前要保证检查体电动机排风口，确保通畅。

3）工作前要对自动抛光机进行安全检查，并且让自动抛光机空转，并检查各部位紧固件是否松动，以确保生产安全。

4）禁止在自动抛光机自动工作时将身体的任何一个部位伸入抛光区，防止出现打伤的情况。

5）抛光机连续工作时间过长时，抛光辊摩擦生热温度高，易烫伤革面，需降温后再操作。

6）工作前后，应清洁抛光辊表面，并打蜡保持辊面光滑无尘。

7）使用中，控制供料辊压力适当，以免阻力太大，供料辊发热烧坏。

8）应做好传动链各转动部位的润滑，保持传动准确可靠。

案例51 纯凸轮结构吹气除尘机

1. 案例说明

纯凸轮结构吹气除尘机用于除去零件表面吸附的灰尘，整体结构如图4-21所示，主要由吹风机构1、载料轨道2、驱动机构3、凸轮机构4、离合器5、出气管道6、支撑板7、除尘机构8和搬运机构9等部件组成。吹气除尘机采用凸轮机构4移载搬运产品，成熟稳定，效率高，有很强的实用性。

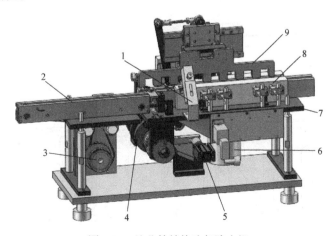

图4-21 纯凸轮结构吹气除尘机

1—吹风机构 2—载料轨道 3—驱动机构 4—凸轮机构 5—离合器
6—出气管道 7—支撑板 8—除尘机构 9—搬运机构

2. 工作原理

纯凸轮结构吹气除尘机是一款电子零件吹气除尘设备。吹气除尘机工作时，载料轨道连接上一件工艺设备，通过载料轨道将电子零件输送至除尘机构进行除尘。凸轮机构自动分料。主轴传动结构有离合器设计，当载料轨道上的传感器没有检测到零件到达相应位置时，离合器断开，等待零件通过搬运机构搬运到指定位置，到达后离合器合上，除尘机构进行除尘工作。

3. 主要机构介绍

离合器如图4-22所示，主轴传动机构4由驱动机构1通过带轮2带动转动，离合器由气缸5驱动控制，当载料轨道上的传感器没有检测到零件到达相应位置时，气缸5推动主轴传动机构4上的齿盘3，使齿盘3之间的连接断开，从而使除尘机构停止工作。

凸轮机构如图4-23所示，由驱动机构4通过带轮带动主轴传动机构转动，凸轮3同步转

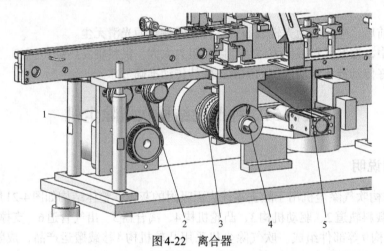

图 4-22　离合器

1—驱动机构　2—带轮　3—齿盘　4—主轴传动机构　5—气缸

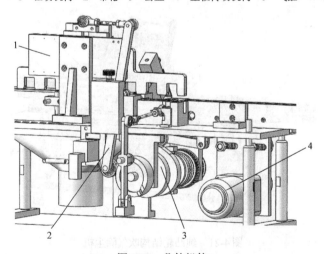

图 4-23　凸轮机构

1—搬运机构　2—连杆　3—凸轮　4—驱动机构

动，凸轮3通过连杆2与搬运机构1连接，从而控制搬运机构1的位移，不断运送需要除尘的电子零件至除尘机构。

吹气机构如图4-24所示，当搬运机构3将电子零件搬运至吹气口前方时，吹气机构1运转，将电子零件表面的粉尘吹去，粉尘从出气管道2吹出。

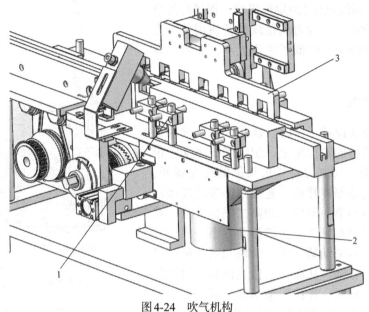

图4-24 吹气机构
1—吹气机构 2—出气管道 3—搬运机构

4. 机械设计亮点

纯凸轮结构吹气除尘机采用全凸轮移载搬运产品，走矩形运动轨迹搬运产品，间歇往前输送电子元件进行除尘，并且在主轴传动结构中有离合器设计，当同步带上传感器没有检测到电子元件到达相应位置时，离合器断开，当传感器检测到电子元件到达位置后，除尘机构进行除尘工作。

5. 注意事项

1）检查各传动部件，如吹风机、电动机、联轴器等上的紧固件是否松动。
2）检查风机轴承座润滑部位的油位是否正常。
3）检查电控柜各仪表（如电压表、电流表、压差仪）工作是否正常。
4）注意风机、电动机等各运动部件必须运转平稳，无异响、无剧烈振动。
5）运行时出现事故，可按紧急停止按钮，停机待查处理。

案例52 单动力剥扭线设备

1. 案例说明

单动力剥扭线设备主要用于电话线、并排线、电源线、计算机多芯线等的线材的加工，可以胜任剥线机与扭线机两台机器的工作，整体结构如图4-25所示，主要由扭线机构1、剥线机构2、龙门架3、推动机构4、安装框架5组成。扭线机构1由扭线组件、横向滑块、纵向滑块、驱动杆和导向槽等部件构成；剥线机构2由定位机构、连接部件及切割刀等部件构成。单动力剥扭线设备使用单动力剥线扭线，结构简单，降低了生产成本，同时具有剥扭同步的功能。

2. 工作原理

单动力剥扭线设备工作时，操作人员将线束头部放置到剥线机构的定位座上，定位气缸驱动定位头压住线束头部，切割刀将线束头部的线皮剥开，随后气缸驱动连接部件移动，连接部件带动连接块移动，连接块带动第一限位件和第二限位件的一端分别沿第一导向槽和第二导向槽移动，第一限位件和第二限位件分别带动第一纵向滑块和第二纵向滑块进行纵向相对移动，从而让上扭线件和下扭线件相互抵触。与此同时，连接块带动第一固定板和第

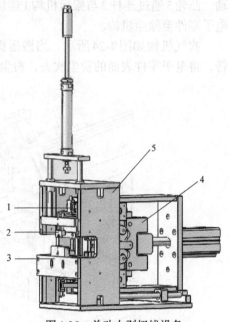

图4-25　单动力剥扭线设备
1—扭线机构　2—剥线机构　3—龙门架
4—推动机构　5—安装框架

二固定板移动，第一驱动杆上的第一限位柱沿着第三导向槽移动，第二驱动杆上的第二限位柱沿着第四导向槽移动，第一驱动杆和第二驱动杆分别带动第一横向滑块和第二横向滑块横向移动，从而让上扭线件和下扭线件进行横向移动，并且上扭线件和下扭线件移动方向始终相反，最终线束头部的线皮被剥开，线束内的线芯被扭在一起。

3. 主要机构介绍

推动机构如图4-26所示，单动力剥扭线设备工作时，气缸6驱动连接部件7移动，连接部件7带动连接块5移动，连接块5带动第一限位件2和第二限位件3的一端分别沿第一导向槽1和第二导向槽4移动，第一限位件2和第二限位件3分别带动第一纵向滑块和第二纵向滑块进行纵向相对移动，从而让上扭线件和下扭线件相互抵触。

剥线机构如图4-27所示，单动力剥扭线设备工作时，操作人员将线束头部放置到剥线机构的定位座3上，定位气缸1、4驱动定位头2压住线束头部，切割刀5将线束头部的线皮剥开。

扭线机构如图4-28所示，工作时，连接块8带动第一固定板2和第二固定板5移动，第一驱动杆1上的第一限位柱沿着第三导向槽9移动，第二驱动杆6上的第二限位柱沿着第四导向槽7移动，第一驱动杆1和第二驱动杆6分别带动第

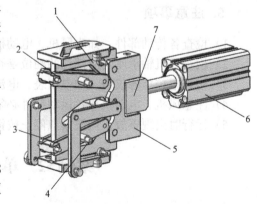

图4-26　推动机构
1—第一导向槽　2—第一限位件　3—第二限位件
4—第二导向槽　5—连接块　6—气缸　7—连接部件

一横向滑块3和第二横向滑块4横向移动，从而让上扭线件和下扭线件进行横向移动，并且上扭线件和下扭线件移动方向始终相反，最终线束头部的线皮被剥开，线束内的线芯被扭在一起。

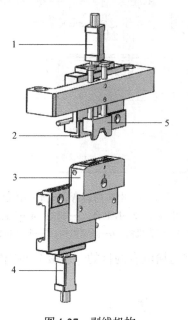

图4-27　剥线机构

1、4—定位气缸　2—定位头　3—定位座　5—切割刀

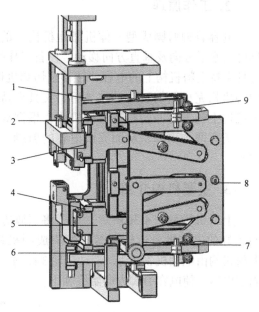

图4-28　扭线机构

1—第一驱动杆　2—第一固定板　3—第一横向滑块
4—第二横向滑块　5—第二固定板　6—第二驱动杆
7—第四导向槽　8—连接块　9—第三导向槽

4. 机械设计亮点

传统的剥线和扭线设备都是通过两台单独的设备分别进行剥线和扭线作业，也有部分设备虽然集成了扭线和剥线的双功能，但是其结构过于复杂，在剥线扭线过程中需要由若干个气缸来配合完成，从而增加了生产成本。单动力剥扭线设备将扭线机构安装在推动机构上，安装框架的前端设有龙门架，上扭线机构与下扭线机构的另一端均安装在龙门架上，并且两者均与推动机构配合，实现了单动力剥线扭线，其结构简单，并且节省了生产成本。

案例53　电容剪脚弯脚成形一体机

1. 案例说明

大部分电子产品的主板上都焊接有电容，一般电容的结构包括头部和两根平行的引脚，在电容焊接时往往需要根据主板的空间等因素，将电容的引脚分别做特定的弯折，以便后续的焊接。电容剪脚弯脚成形一体机主要用于对电容的引脚分别做特定的弯折，以便后续的焊接，整体结构如图4-29所示，主要由出料口1、控制台2、机架3、上料机构4、切脚机构5、搬运机构6和折弯机构7等部件装配而成，折弯机构7主要包括成型左模、可左右移动的成型右模和气缸；切脚机构5包括剪具和气缸，切脚机构5用于剪切电容上两个引脚。电容剪脚弯脚成型一体机具有剪脚精度高、速度快，工作稳定，耐用及噪声低等优点。

2. 工作原理

电容剪脚弯脚成型一体机搬运机构上的夹具可沿水平方向及垂直方向移动，设备工作时，夹具夹持上料机构上的电容并转移至切脚机构，切脚机构完成剪切引脚动作之后，夹具夹持切脚机构上的电容并转移至弯折机构，根据成形模具折弯两个引脚，从而完成电容的剪脚弯脚作业。

3. 主要机构介绍

上料机构如图4-30所示，用于将引脚方向调整好的电容批量运输至剪脚弯脚成型机构，

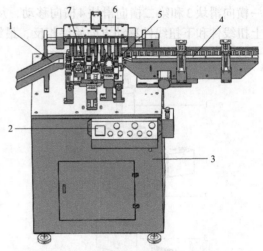

图4-29　电容剪脚弯脚成形一体机
1—出料口　2—控制台　3—机架　4—上料机构
5—切脚机构　6—搬运机构　7—折弯机构

上料机构由电动机2驱动，带动带轮3转动，从而达到运输电容的目的。压板1和护栏4用于固定电容，使电容引脚方向始终朝下。

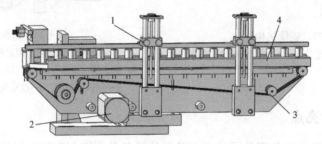

图4-30　上料机构
1—压板　2—电动机　3—带轮　4—护栏

搬运机构如图4-31所示，主要由气缸1、夹具2、导轨3、气缸4组成。气缸1控制夹具垂直移动，气缸4控制夹具沿着导轨横向移动。

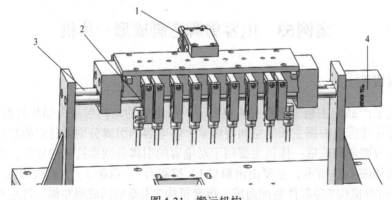

图4-31　搬运机构
1、4—气缸　2—夹具　3—导轨

切脚机构如图4-32所示，工作时，搬运机构将电容运送至切脚机构的前方，切脚机构的气缸3起动，推动剪具2打开，准备剪切电容引脚，同时搬运机构的气缸起动，将电容引脚送入切脚机构，此时气缸3收缩，剪具2将引脚多余的部分剪除。

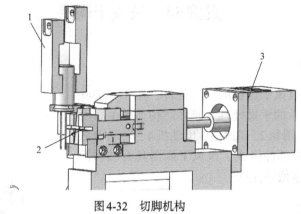

图4-32 切脚机构
1—夹具 2—剪具 3—气缸

折弯机构如图4-33所示，主要由成型左模1和可左右移动的成型右模2组成，由气缸驱动，并且在成型右模2设置了弹簧3，保证折弯作业工作稳定，效率高。

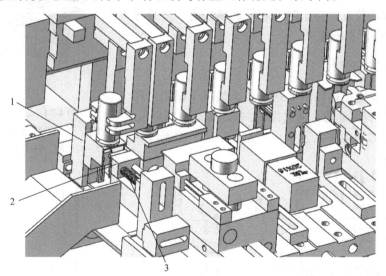

图4-33 折弯机构
1—成型左模 2—成型右模 3—弹簧

4. 机械设计亮点

1）采用PLC（可编程序逻辑控制器）控制，稳定性强，操作界面方便易学，数据调整方便。

2）夹具开合系统为齿条式，更换夹具其中心线不变且产品无夹伤，改电容规格更方便。

3）设备可自动识别元件极性，自动将方向调整到一致。

4）设备切脚机构采用一体式结构，调整方便，极大地节省了设备调整时间。

5）设备具有自动计数功能，可以按每袋要求的数量定量分装。

6）设备具有防静电功能。

案例54　鼓风干燥器

1. 案例说明

鼓风干燥器是鼓风干燥机的核心部件，用于安装叶轮并对产品进行有效的干燥处理，整体结构如图4-34所示，主要由气缸1、滑轨2、底板3、电动机4、转动轴5、带轮6和定位柱7等部件组成。鼓风干燥器具有结构简单，工作可靠，成本低等优点。

2. 工作原理

鼓风干燥器一般安装于鼓风干燥机中。干燥机工作时，将鼓风干燥器由气缸驱动转动轴伸入鼓风通道，电动机运转，通过带轮带动转动轴及叶轮转动，定位柱用于固定转动轴的位置，防止叶轮和转动轴脱落，并且可以有效减小设备产生的噪声。

3. 主要机构介绍

驱动机构及定位柱如图4-35所示，鼓风干燥机工作时，由电动机1提供动力，通过带轮3带动转动轴2转动。

滑轨机构如图4-36所示，由气缸1驱动，控制鼓风干燥器的升降。

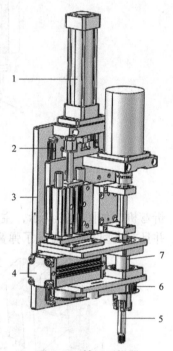

图4-34　鼓风干燥器

1—气缸　2—滑轨　3—底板　4—电动机
5—转动轴　6—带轮　7—定位柱

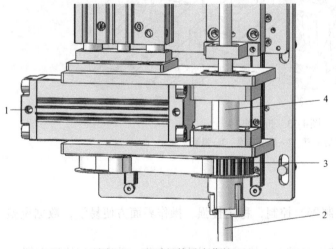

图4-35　驱动机构及定位柱

1—电动机　2—转动轴　3—带轮　4—定位柱

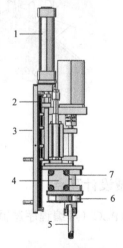

图4-36　滑轨机构

1—气缸　2—滑轨　3—底板　4—电动机
5—转动轴　6—带轮　7—定位柱

4. 机械设计亮点

鼓风干燥可设置加热网，通过热风循环系统，使干燥机内温度保持均匀，加快干燥速度，广泛应用于试样的烘熔、干燥或其他加热场合。

案例55 开关端子折弯机

1. 案例说明

开关端子如图4-37所示，是专业为各种小型断路器、剩余电流断路器、低压断路器等配套使用，为电控配电设备成套装置及组合式终端电气箱中配线而设计的产品。开关端子折弯机是一种对开关端子的插针进行折弯的数控折弯机，整体结构如图4-38所示，开关端子折弯机俯视图如图4-39所示，主要由机架1、搬运机械手2、夹座进料机构3、推送机构4、端子进

图4-37 开关端子

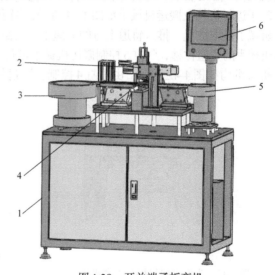

图4-38 开关端子折弯机
1—机架 2—搬运机械手 3—夹座进料机构 4—推送机构
5—端子进料机构 6—显示屏

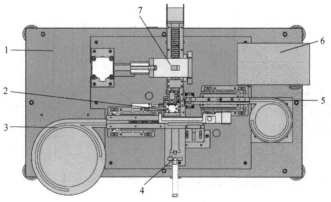

图4-39 开关端子折弯机俯视图
1—机架 2—搬运机械手 3—夹座进料机构 4—推送机构 5—端子进料机构 6—显示屏 7—折弯机构

料机构5、显示屏6和折弯机构7（图4-38中无）等部件组成。开关端子折弯机具有精度高，换模快，工作效率高，使用方便等优点。

2. 工作原理

开关端子折弯机工作时，由左侧夹座进料机构输入夹座，再由与送料轨道垂直的推送机构送入折弯机构所在的滑轨中，同时右侧端子进料机构输入待折弯的端子，由搬运机械手夹取端子置于夹座的指定位置，推送机构同步推进，将装有端子的夹座推送至折弯机构，折弯机构通过气缸驱动，与折弯辊配合批量折弯开关端子的插针，推动机构继续推送，输出完成折弯的端子。

3. 主要机构介绍

夹座进料机构及推送机构如图4-40所示，夹座由振动输送机1排列整齐送入推送轨道3，推送机构由气缸2驱动，与折弯机构配合，同步推送夹座。

端子进料机构及搬运机械手如图4-41所示，端子由振动输送机2排列整齐送入轨道3，再由搬运机械手抓取放置于推送轨道上方的夹座上。气缸1控制搬运机械手的水平位移，气缸6控制搬运机械手的垂直位移，气缸5控制搬运机械手进行转位，将待折弯的端子有序置入夹座。

折弯机构如图4-42所示，由气缸4控制，通过杠杆支架3推动下模2，使插针与折弯辊1

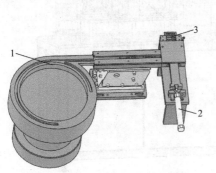

图4-40 夹座进料机构及推送机构
1—振动输送机 2—气缸 3—推送轨道

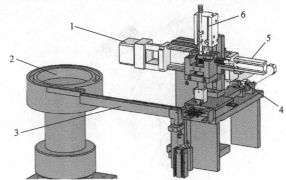

图4-41 端子进料机构及搬运机械手
1、5、6—气缸 2—振动输送机 3—轨道 4—推送机构

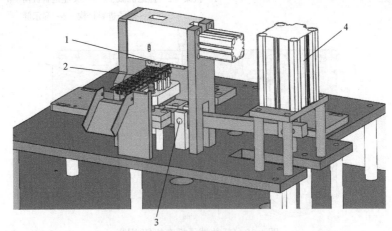

图4-42 折弯机构
1—折弯辊 2—下模 3—杠杆支架 4—气缸

紧贴，从而折弯插针。

4. 机械设计亮点

在开关端子生产过程中，大多数弯折机构都是通过一个压块将插针直接折弯，但是在压块挤压插针时，会造成插针突然受力，从而有可能使得插针在折弯过程中发生折断。该开关端子折弯机将折弯辊固定在推送轨道上方，通过杠杆支架推动插针向上折弯，不仅增大了折弯力，同时减少了插针的整体受力，折弯力的大小也是逐渐增大的，从而保证了插针不会因为突然受力而导致断裂。

5. 注意事项

1）严格按照机床安全操作规程，按规定穿戴好劳动防护用品。

2）折弯机起动前需认真检查电动机、开关、线路和接地是否正常和牢固，检查设备各操作部位、按钮是否在正确位置。

3）检查上下模的重合度和坚固性，检查各定位装置是否符合加工的要求。

4）折弯机起动后空运转1~2min，如有不正常声响或有故障应立即停止运转，将故障排除，一切正常后方可开始工作。

5）操作中，发现有异常响声或渗漏油时，应立即停机。严禁设备带病强行作业。

6）运转时发现工件或模具不正，应停机找正，严禁运转中用手找正，以防伤手。

7）检查托料架、挡料架及滑块上有无异物，如有异物，应清理干净。

8）由折弯力计算公式得出工件的折弯力，工件折弯力不得大于500kN。

案例56　专用数控铣床

1. 案例说明

专用数控铣床可以在数控程序的控制下精确地进行铣削加工，整体结构如图4-43所示，主要由定位机构1、工作台2、防护罩3、床身4、铣削装置5等部件组成。专用数控铣床具有体积小，安装灵活，工作效率高等优点。

2. 工作原理

专用数控铣床设有多个安装台，当需要加工零件时，将零件安装在其中一个安装台上，然后将该安装台固定至工作台上，并对该安装台上的零件进行加工。在加工零件的同时，工人可以将另一个零件安装在另一个安装台上，当该零件加工完成后，就可以将安装有另一个零件的另一个安装

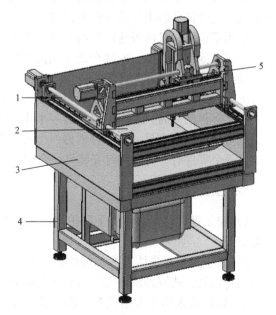

图4-43　专用数控铣床
1—定位机构　2—工作台　3—防护罩　4—床身　5—铣削装置

台固定于工作台并进行加工，这样就达到了在加工一个零件时，可以同时安装另一个零件，从而提高了加工零件的效率。

3. 主要机构介绍

定位机构和铣削装置如图4-44所示，定位机构由伺服电动机4和伺服电动机6驱动控制铣削装置在水平面上的垂直位移，由伺服电动机7驱动控制铣削装置水平面上的垂直位移，由气缸1控制铣削装置的升降，由电动机2驱动铣削装置铣削头转动铣削零件。

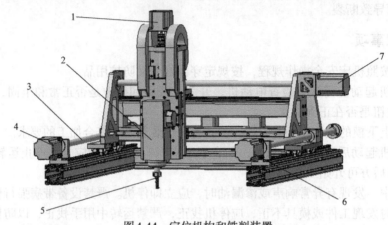

图4-44　定位机构和铣削装置
1—气缸　2—电动机　3—丝杆　4、6、7—伺服电动机　5—铣削头

4. 机械设计亮点

专用数控铣床在床身上设置有工作台，可以在工作台前端面固定连接架，连接架内设置电动机，电动机的输出轴垂直向上设置，且电动机的输出轴上固定连接两根连接杆，两根连接杆呈水平设置，且两根连接杆对称设置于电动机输出轴的两侧，连接杆远离电动机输出轴的一端可以固定安装台，安装台的上端面可以安装需要加工的零件，并且安装台可通过电动机转动至工作台位置并贴合于工作台上端面。当需要加工零件时，将零件安装在其中一个安装台上，然后通过电动机将该安装台转动至工作台上，并对该安装台上的零件进行加工。在加工一个零件的同时，工人可以将另一个零件安装在另一个安装台上，当一个零件加工完成后，就可以将安装有另一个零件的另一个安装台转动至工作台上并进行加工，这样就达到了在加工一个零件时，可以同时安装另一个零件，从而提高了加工零件的效率。

5. 注意事项

1）加工零件时，必须关上防护门，不准把头、手伸入防护门，加工过程中严禁私自打开防护门。

2）禁止用手或身体其他部位接触正在旋转的主轴、工件或其他运动部位；禁止用手接触刀尖和铁屑，铁屑必须要用铁钩子或毛刷来清理。

3）数控铣床属于大精设备，除工作台上安放工装和工件外，机床上严禁堆放任何工、夹、刃、量具，工件和其他杂物。

4）加工过程中，操作者不得擅自离开机床，应保持思想高度集中，观察机床的运行状态。若发生不正常现象或事故时，应立即终止程序运行，切断电源，不得进行其他操作。

5）机床运转中，绝对禁止变速。变速或换刀时，必须保证机床完全停止，开关处于"OFF"位置，以防事故发生。

6）在程序运行中因测量工件尺寸须暂停时，要待机床完全停止、主轴停转后方可进行测量，以免发生人身事故。

案例57　数控雕刻机

1. 案例说明

数控雕刻机可对铝合金、铜、电木、木材、玉、玻璃、塑胶和亚克力等进行浮雕、平雕、镂空雕刻等，整体结构如图4-45所示，主要由方向调节滑座1、雕刻头2、工作台3、导轨4、底座5、承重架6和定位机构7等部件组成。雕刻头2由锁扣盖头、机腔、排式换刀器、钻头和旋转中心轴等组成。数控雕刻机具有操作简单、加工速度快、精度高、稳定性高等优点。

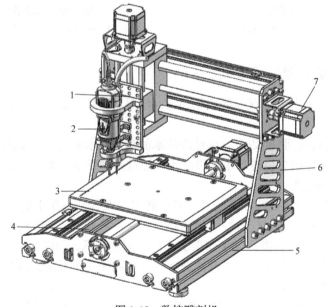

图4-45　数控雕刻机
1—方向调节滑座　2—雕刻头　3—工作台　4—导轨　5—底座　6—承重架　7—定位机构

2. 工作原理

数控雕刻机工作时，打开锁扣盖头，将需要使用的刀具装在排式换刀器上。雕刻作业时，起动电动机，钻头随旋转中心轴旋转，同时定位机构控制雕刻头沿轴向移动，在刀具的作用下雕刻物品。

3. 主要机构介绍

工作台和底座如图4-46所示，工作台面1置于底座上方设置的导轨2上，由气缸3驱动控制。

承重架与定位机构如图4-47所示，承重架3与底座固定，定位机构安装在承重架3上，雕刻头2由定位机构的气缸4控制水平方向上的位移，由定位机构的气缸1控制垂直方向上的位移。

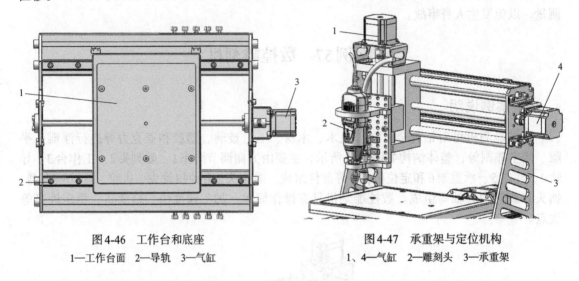

图4-46　工作台和底座
1—工作台面　2—导轨　3—气缸

图4-47　承重架与定位机构
1、4—气缸　2—雕刻头　3—承重架

4. 机械设计亮点及注意事项

1）数控雕刻机 Y 轴传动系统与底座相固定，使雕刻工作更加平稳，但输入参数时要注意 Y 轴移动方向。

2）每天连续运行时间10h以下，保证冷却水的清洁及水泵的正常工作。绝不可使主轴电动机出现缺水现象，定时更换冷却水，以防止水温过高。冬季如果工作环境温度太低，可把水箱里面的水换成防冻液。

3）每次机器使用完毕，要注意清理，务必将平台及传动系统上的粉尘清理干净。定期（每周）对传动系统（X、Y、Z三轴）润滑加油。（注：X、Y、Z三轴光杠部分用润滑油进行保养；丝杠部分加高速润滑脂；冬季如果工作环境温度太低，PRTT滚珠丝杠、光杠（方形导轨或圆形导轨）部分应先用汽油进行冲洗清洁，然后加入润滑油，否则会造成机器传动部分阻力过大而导致机器错位。）

4）对电器进行保养检查时，一定要切断电源，待监视器无显示及主回路电源指示灯熄灭后，方可进行。

5）可DIY数控雕刻机使用三个月左右要对机器上的紧固件进行检查，对龙门两侧的连接螺钉、丝杠螺母的紧固螺钉、两侧电动机的紧固螺钉进行紧固。

案例58　轴承转移设备

1. 案例说明

轴承转移设备适用于轴承的加工制作，整体结构如图4-48所示，俯视图如图4-49所示，主要由机架1、找正机构2、压紧支撑架3、产品夹取机构4、工位转盘5和电钻6等部件组成。轴承转移设备具有操作简单、工作效率高等优点。

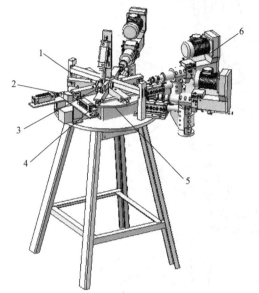 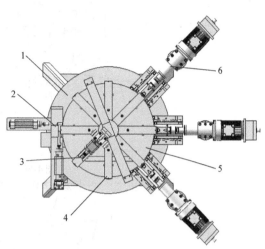

图4-48　轴承转移设备　　　　　　　　图4-49　轴承转移设备俯视图
1—机架　2—找正机构　3—压紧支撑架　4—产品夹取机构　　　1—机架　2—找正机构　3—压紧支撑架　4—产品夹取机构
5—工位转盘　6—电钻　　　　　　　　　　5—工位转盘　6—电钻

2. 工作原理

轴承转移设备工作时，由产品夹取机构夹取产品，工位转盘自动旋转，将产品运输至加工位，压紧支撑架的驱动气缸起动，压紧支撑架下压保持转盘的稳定，起动电钻加工产品，加工完成后，压紧支撑架回转，工位转盘继续转动，输出加工好的产品。

3. 主要机构介绍

产品夹取机构如图4-50所示，三角凹槽设计可以有效防止轴承脱落。由压紧支撑架1下压提供压力夹住轴承，在产品夹取机构2内部装有弹簧3，当压紧支撑架1回转的时候，产品夹取机构2自动回弹，松开轴承。

找正机构如图4-51所示，当轴承由工位转盘4运送至找正机构时，找正机构的气缸2和气缸3起动，旋转并固定产品夹取机构1所夹取的轴承。

压紧支撑架如图4-52所示，通过气缸1控制压紧支撑架对产品夹取机构2的压力。气缸1推动时，产品夹取机构2松开轴承，气缸1收缩时，产品夹取机构2夹紧轴承。

4. 机械设计亮点及注意事项

1）轴承转移设备利用压紧支撑架与工位转盘充分配合，同步实现轴承定位与加工作业，极大地提高了设备的工作效率。

2）产品夹取机构内部设有弹簧，能在压紧支撑架逐渐放松的同时逐步回弹，防止夹具突然张开使轴承掉落。

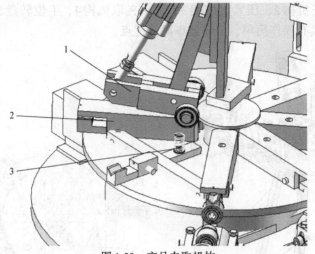

图4-50　产品夹取机构
1—压紧支撑架　2—产品夹取机构　3—弹簧

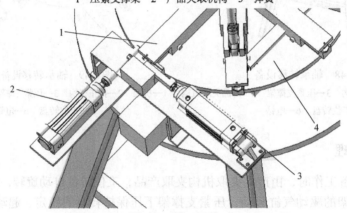

图4-51　找正机构
1—产品夹取机构　2、3—气缸　4—工位转盘

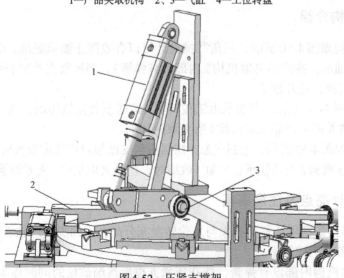

图4-52　压紧支撑架
1—气缸　2—产品夹取机构　3—滚轮

3）不可在机器上放置工具、衣物或茶具等杂物，以免引发事故。

4）机器运转时严禁将手伸入机器，以免发生危险。

5）检修机器内部时须先关闭电源。

案例59　迷你可调圆锯

1. 案例说明

迷你可调圆锯适用于石材、木材等材料的切割，整体结构如图4-53所示，局部放大图如图4-54所示，主要由工作台1（图4-54中未显示）、找正机构2、操作台3、电枢4（图4-53中未显示）、机壳5、圆锯6、挡板7和旋转支架8（图4-53中未显示）等部件组成。迷你可调圆锯减小了机器的体积和重量，便于携带和操作。

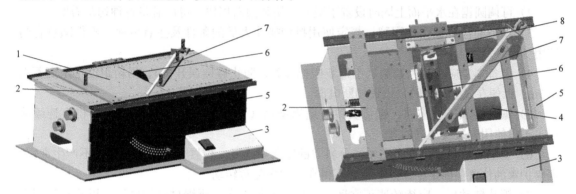

图4-53　迷你可调圆锯
1—工作台　2—找正机构　3—操作台
5—机壳　6—圆锯　7—挡板

图4-54　迷你可调圆锯局部放大图
2—找正机构　3—操作台　4—电枢　5—机壳
6—圆锯　7—挡板　8—旋转支架

2. 工作原理

当迷你可调圆锯起动后，电枢开始旋转，同时带动带轮开始旋转，通过带轮的传递，输出轴也旋转起来，从而达到了输出动力的功能。通过旋转支架8可以调节圆锯的角度，从而可以切出斜面。把不同种类的圆锯通过压板和内六角盘头螺钉固定在输出轴上，可以达到切割木材、石材的功能。

3. 主要机构介绍

旋转支架调节机构如图4-55所示，连接头3通过弹簧与旋转轴4连接，当需要调整圆锯的角度时，通过旋转旋钮2控制弹簧的拉力，从而拉动圆锯调整切割角度。

旋转支架及圆锯如图4-56所示，可调圆锯1装在旋转支架2上，圆锯1由电枢3通过带轮4带动旋转，通过调节旋转支架角度可以切出不同角度的切面。

4. 机械设计亮点及注意事项

1）可调圆锯可以手动旋转旋钮从而达到调整圆锯的角度的目的。连接头和旋转轴之间

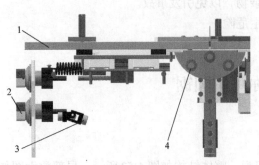

图4-55　旋转支架调节机构
1—工作台　2—旋钮　3—连接头　4—旋转轴

图4-56　旋转支架及圆锯
1—圆锯　2—旋转支架　3—电枢　4—带轮

通过弹簧连接，可以有效防止锯片因应力过大而造成破碎、断裂等意外事故。

2）可调圆锯在水平面上同时设置了竖直挡块和倾斜挡块，可以满足各种切割需要。

3）设备前应有操作规程牌，规定使用机械操作人员的条件及注意事项，不得随意合闸使用。

4）设备本身应有开关控制（不得装搬把开关，防止碰撞误开机），闸箱距设备距离不大于3m，以便在发生故障时，迅速切断电源。

5）锯片必须平整牢固，锯齿尖锐有适当锯路（否则易发生夹锯），锯片不得有连续缺齿，不得使用有裂纹的锯片。

6）安全防护装置要齐全完整。分料刀的厚薄要适度，位置合适，锯长料时不产生夹锯；锯盘护罩的位置应固定在锯盘上方，不得在使用中随意转动。

7）锯片转动后，应待转速正常后，再进行锯料工作，所锯材料的厚度，以不碰到固定锯片的压板边缘为限。

8）木料接近锯到尾端时，要由下手拉料，不要用上手直接推送，推送时使用短木板顶料，防止推空锯手。

9）木料较长时，要两人配合操作。操作中，下手必须待木料超过锯片20cm以外时，方可接料。接后不要猛拉，应与送料配合。需要回料时，木料要完全离开锯片以后再送回，操作时不能过早过快，防止木料碰锯片。

10）截断木料和锯短料时，应用推棍，不准用手直接进料，进料速度不能过快。下手接料必须用刨钩。木料不足50cm的短料，禁止上锯。

11）需要换锯片和检查维修时，必须拉闸切断电源，待锯片完全停止转动后，再进行操作。

12）下的料应堆放整齐，台面上以及工作范围内的木屑，应用扫帚清除，不要用手直接擦抹台面。

案例60　3D打印机

1. 案例说明

本3D打印机是支持最大成型尺寸为300mm（H）×250mm（L）×280mm（W）的3D打

印设备，适用于在模具制造、工业设计等领域制造模型，或用于一些产品的直接制造，产品模型如图4-57所示，整体结构如图4-58所示。本3D打印机和传统打印机结构和原理相同，都是由滑动导轨1、原料盘2、打印机头3、机架4和工作台5等部件构成的。使用三维打印技术能够以更快、更有弹性以及更低本钱的方法出产数量相对较少的商品。传统方法制作一个模型依据其尺寸和复杂程度通常需要数小时到数天，而3D打印机能够将时刻缩短为数小时（依据打印机的功能以及模型的尺寸复杂程度而定），满足设计者或概念开发小组制作模型的需求。

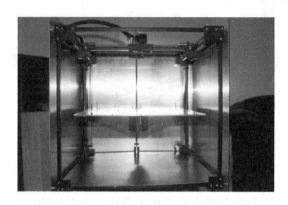

图4-57　3D打印机产品模型

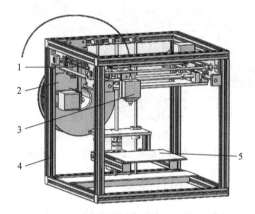

图4-58　3D打印机
1—滑动导轨　2—原料盘　3—打印机头　4—机架　5—工作台

2. 工作原理

3D打印机工作时，原料盘上的打印材料通过导向轮进行导向，然后移送到打印机头给打印机头供料。因此，打印机头在打印时拉动打印材料，打印材料拉动导向轮向上移动，从而降低了原料盘的压力，而当打印机头停止运行时，原料盘停止转动，从而降低了原料盘上的打印材料线松散的概率，以此来提高打印机的效率。

本3D打印机选用的是熔融堆积迅速成型（Fused Deposition Modeling，FDM）的堆叠薄层打印形式。熔融堆积又名熔丝堆积，它是将丝状热熔性材料加热熔化，经过带有一个微细喷嘴的喷头挤喷出来。热熔材料熔化后从喷嘴喷出，堆积在制作面板或前一层已固化的材料上，温度低于固化温度后开始固化，经过材料的层层堆积构成最终成品。

3. 主要机构介绍

打印机头如图4-59所示，打印机头设有加热器1，用于加热热塑性材料，并将熔融态的热塑性材料送至喷嘴2。

滑动导轨机构如图4-60所示，由伺服电动机1控制打印机头3在Y轴方向的水平位移，

图4-59　打印机头
1—加热器　2—喷嘴

由伺服电动机4控制打印机头3在X轴方向的位移。

工作台如图4-61所示，由伺服电动机2控制，在3D打印的过程中，工作台逐步下降，打印机头逐层打印模型。

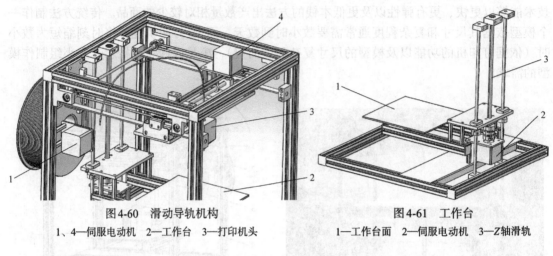

图4-60　滑动导轨机构
1、4—伺服电动机　2—工作台　3—打印机头

图4-61　工作台
1—工作台面　2—伺服电动机　3—Z轴滑轨

4. 机械设计亮点

3D打印机与传统打印机的不同之处主要是在打印前需在计算机上设计一个完整的三维立体模型，然后再进行打印输出。主要分为以下几个步骤：①计算机读取带有3D信息的打印物品结构说明文件；②在一个可调节高度的制作面板上，一个打印喷头水平、垂直方向移动，第二个打印喷头喷射不同的材料，用于打印可抛弃的支撑结构。在打印完成、打印材料凝固变硬后，可用水溶解掉该支撑结构；③打印材料在喷头中熔化，熔化的打印材料形成0.25mm厚的打印层；④一层打完之后，平台下降0.25mm，喷头开始下一层打印；⑤层层累叠之后，物体逐渐成型。

该3D打印机的打印机头3停止运行时，原料盘2停止转动，从而降低了打印机构停止打印后原料盘再转动的概率，从而降低了原料盘上的原料线松散的概率，因此提高了打印机的效率。

5. 注意事项

1）当一卷打印材料线用完了时，要先把原来的线退出来再装进新的线，不然很容易造成打印机喷嘴堵塞。

2）正确设置Z轴间距，即打印头和打印台之间的距离。

3）打印机工作台面应尽可能地保持水平。

4）定期清洗、润滑运动部件，保持机器的清洁。

案例61　扩　管　机

1. 案例说明

扩管机的作用是将直径较小的细管加工成直径较大的粗管，或者将接近圆筒状的壳体整形成圆筒状，例如将压缩机的壳体整形成圆筒状，整体结构如图4-62所示，主要由入料口1、模具机构2、动力机构3、机架4和出料口5等部件组成。扩管机具有运行稳定，工作效率高，生产精度高等优点。

2. 工作原理

扩管机工作时，待加工的管从入料口排列整齐并依次输入模具机构，当管置于下模具内时，上模具由气缸驱动，控制上模具下压并与下模具贴合，此时液压缸起动，控制活塞杆挤压管道的内壁，使管扩张到指定内径。

3. 主要机构介绍

模具机构如图4-63所示，上模具2由气缸1驱动，下模具3由气缸4驱动，当管置于下模具3内时，上模具2由气缸1驱动，控制上模具2下压并与下模具3紧密贴合。

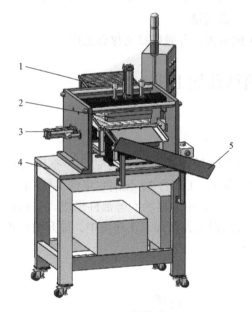

图4-62　扩管机

1—入料口　2—模具机构　3—动力机构　4—机架　5—出料口

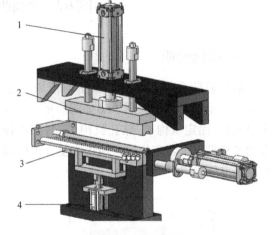

图4-63　模具机构

1、4—气缸　2—上模具　3—下模具

动力机构如图4-64所示，当模具机构将待加工的管固定后，动力机构的液压缸1驱动控制伸缩活塞杆2挤压管道内壁，使待加工的管扩张到指定内径。

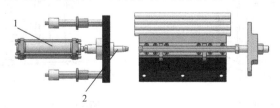

图4-64　动力机构

1—液压缸　2—伸缩活塞杆

4. 机械设计亮点

扩管机采用简单的机械结构实现了机械定位，与现有扩管机所应用的光电定位技术相比，可以更精准地确定活塞杆运动的终点，实现活塞杆的定位，从而可靠地把握扩管尺寸，尤其是精扩尺寸，误差波动范围在±0.05mm。

5. 注意事项

1）作业场所应有足够的安全操作空间。

2）作业前，应先空载运转设备，确认正常后，再进行下道工序。

3）应按加工管径、厚度选择好芯杠，芯头，并按顺序安装完好。

4）应夹紧工件，钢管与活塞杆同心对中。

5）调整好工艺参数，按顺序开机运行、生产。

6）运行中注意检查温度、速度、尺寸、钢管表面质量。

7）作业完成后，使机床处于待生产状态，关闭电源，并做好日常保养工作。

案例62 曲轴箱钻孔加工机

1. 案例说明

曲轴箱钻孔加工机用于在曲轴箱加工过程中对曲轴箱多个面进行钻孔，整体结构如图4-65所示，局部放大图4-66如图所示，主要由机架1、工作台2、废屑收集槽3（图4-65中未显示）、固定机构4、钻孔机构5、封闭挡板6（图4-66中未显示）等部件组成。曲轴箱钻孔加工机具有重新定位快，使用方便，可以减少劳动强度，使加工工序集中，提升曲轴箱的加工精度等优点。

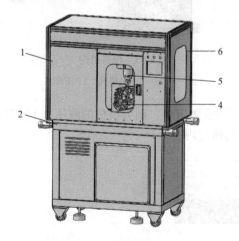

图4-65　曲轴箱钻孔加工机

1—机架　2—工作台　4—固定机构

5—钻孔机构　6—封闭挡板

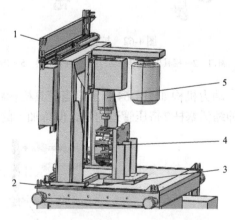

图4-66　曲轴箱钻孔加工机局部放大图

1—机架　2—工作台　3—废屑收集槽

4—固定机构　5—钻孔机构

2. 工作原理

曲轴箱钻孔加工机工作时，先将曲轴箱法兰口卡接在固定机构的卡口上，牢固安装后起动设备，钻孔机构下移对曲轴箱进行钻孔加工。钻孔机构可采用单独钻头逐个钻孔，或配备多轴器同时进行多孔加工，钻孔产生的碎屑落到下方的废屑收集槽中，并通过废屑导出通道由排屑口排出设备。

3. 主要机构介绍

钻孔机构如图4-67所示，曲轴箱钻孔加工机工作时，控制钻孔动力头2对固定好的曲轴箱进行钻孔作业。

固定机构如图4-68所示，在定位板1上设有8个定位桩2，将曲轴箱充分固定，有效防止钻孔作业时因曲轴箱脱落而造成意外。

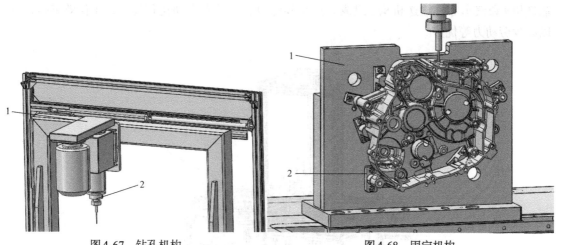

图4-67　钻孔机构
1—钻孔机构　2—钻孔动力头

图4-68　固定机构
1—定位板　2—定位桩

废屑收集槽如图4-69所示，废屑收集槽1底部为倾斜面，钻孔产生的废屑经废屑导出通道3排入废屑收集容器2。

4. 机械设计亮点

废屑收集槽底部设有电磁铁除屑机构，电磁棒连接一个有自动定时开关的供电电源，通电时电磁棒带有强磁场，可以有效吸附钻孔产生的金属废屑，断电时电磁棒失去磁性，吸附的金属废屑沿废屑收集槽底部的倾斜面落入柜体内部的废屑导出通道中，然后从柜体后侧的排屑口排出，实际应用中，排屑口下方设有废屑收集容器。

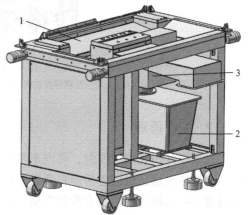

5. 注意事项

1）禁止用手或其它任何方式接触正在旋转的

图4-69　废屑收集槽
1—废屑收集槽　2—废屑收集容器　3—废屑导出通道

钻孔动力头或其他运动部位，铁屑必须要用铁钩子或毛刷来清理。

2）除工作台上安放工装和工件外，机床上严禁堆放任何工、夹、刃、量具、工件和其他杂物。

3）加工过程中，要关好曲轴箱钻孔加工机的封闭挡板，同时观察机床的运行状态。若发生不正常现象或事故时，应立即终止机床运行，切断电源，不得进行其他操作。

案例63 汽车零件包装机

1. 案例说明

汽车零件包装机用于自动将塑料套套入到汽车零部件上，提高了工作效率，整体结构如图4-70所示，俯视图如图4-71所示，主要由包装机构1、塑料套投放机构2、机架3、振动输送机4和汽车零件输送机构5组成。汽车零件包装机具有自动化程度高，工作效率高，可以减少劳动力等优势。

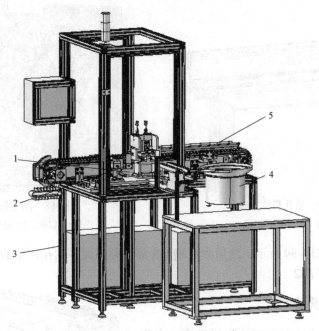

图4-70 汽车零件包装机

1—包装机构 2—塑料套投放机构 3—机架 4—振动输送机 5—汽车零件输送机构

2. 工作原理

汽车零件包装机工作时，将汽车零件置于汽车零件输送机构的第一放置架上并送往包装机构，塑料套输送机构包括塑料套投放机构，振动输送机与塑料套投放机构相连接，振动输送机将塑料套输送至塑料套投放机构，塑料套投放机构将塑料套投放至第二放置架上，汽车零件输送机构同时输送汽车零件和塑料套。包装机构将放置于第二放置架上的塑料套套装在放置在第一放置架的汽车零件上。放置架的设置，便于汽车零件和塑料套的定位安装，便于

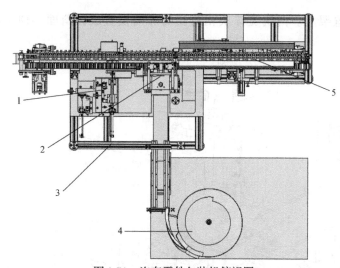

图4-71　汽车零件包装机俯视图

1—包装机构　2—塑料套投放机构　3—机架　4—振动输送机　5—汽车零件输送机构

塑料套准确地套入汽车零件上。

3. 主要机构介绍

汽车零件输送机构如图4-72所示，由伺服电动机3驱动，汽车零件输送机构设有第一放置架1和第二放置架2，分别用于运送汽车零件和塑料套。汽车零件输送机构还设有调整输送机构张紧度的张紧机构4，由气缸6驱动，通过活塞杆5伸缩，调整从动轮与主动轮之间的距离，从而实现输送机构的张紧度调整。

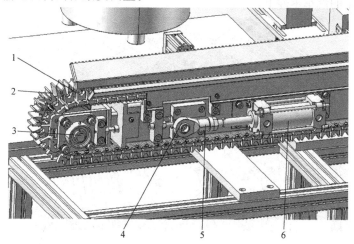

图4-72　汽车零件输送机构

1—第一放置架　2—第二放置架　3—伺服电动机　4—张紧机构　5—活塞杆　6—气缸

塑料套投放机构如图4-73所示，塑料套由振动输送机排列整齐并运送至塑料套投放机构，塑料套投放机构设于第二放置架的上方，由气缸1驱动控制开启机构2的开闭，开启机构2包括两块对称设置的支撑块，当支撑块往外散开时，便使放置在其上的塑料套落入至第二放置架上。两块支撑块相对侧的那面设置成倾斜面，便于塑料套落入至第二放置架上。

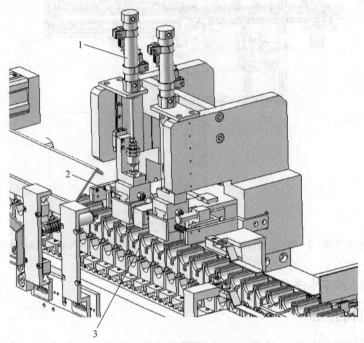

图4-73　塑料套投放机构
1—气缸　2—开启机构　3—第二放置架

包装机构如图4-74所示，由气缸2驱动推板1，将放置于第二放置架上的塑料套套装在放置在第一放置架的汽车零件上。

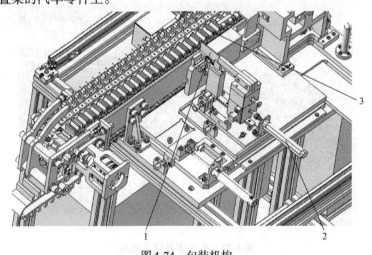

图4-74　包装机构
1—推板　2—气缸　3—汽车零件输送机构

4. 机械设计亮点

汽车零件输送机构设有第一放置架和第二放置架，分别用于运送汽车零件和塑料套，同时在汽车零件输送机构上设有防止输送带跑偏的调整机构，包括固定挡板和活动挡板，分别设置在汽车零件输送机构的两侧，由气缸调整活动挡板的位置，从而控制固定挡板与活动挡板之间的距离，将输送机构控制在固定挡板和活动挡板之间，避免输送机构跑偏，保证汽车零件输送机构的正常运转。

5. 注意事项

1）操作人员操作本机前须详细阅读有关本机的各项操作说明，方可操作本机。

2）维修人员维修、保养本机时，需先详细阅读有关本机的维修说明，方可进行维修及保养工作。

3）机器运转后，若发生任何意外，必须先将电源关闭，然后再采取相应措施。

4）机器运行时，操作人员不可将手置于前、后输送带的滚动部分，以免手被夹伤或卷入机器。

5）在机器压到产品报警或出现其他故障时，先按下急停开关，待清除故障后再松开急停开关，使机器继续自动运行。

案例64　汽车车轮钢圈加工机

1. 案例说明

汽车钢圈也叫做轮毂，如图4-75所示，可以直接提升汽车某个方面的性能。目前，汽车车轮钢圈按照材质可以分为钢轮毂和合金轮毂。其中，钢轮毂凭借制造工艺简单，成本相对较低，抗金属疲劳能力强等优势，在汽车零部件生产加工领域占有一席之地。而在钢轮毂加

图4-75　汽车钢圈

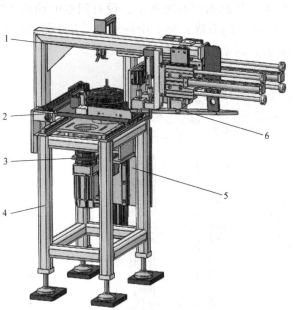

图4-76　汽车车轮钢圈加工机

1—定位检测机构　2—钢圈套板　3—钻头安装套　4—机架

5—升降调节机构　6—激光切割机构

工过程中，一方面由于轮毂受力点单一，导致受力不均，进而降低了产品质量；另一方面，辅助加工工序准备时间过长，生产效率需要提高。汽车车轮钢圈加工机适用于汽车车轮钢圈的生产加工，解决生产加工过程中生产效率和线缆混乱的问题，整体结构如图4-76所示，主要由定位检测机构1、钢圈套板2、钻头安装套3、机架4、升降调节机构5和激光切割机构6等部件组成。汽车车轮钢圈加工机具有产品受力均匀、加工效率高等优点。

2. 工作原理

汽车车轮钢圈加工机使用时，将钢圈毛坯材料放置到钢圈套板上并夹紧，控制激光切割机构移动至钢圈套板的正上方，此时控制钻头收入到钻头安装套内，控制升降调节机构将钻头安装套下降至指定高度，通过激光切割套筒外侧的激光喷口对钢圈进行激光切割，切割完成后，激光切割套筒回归原位。升降调节机构控制钻头安装套上升一定高度，然后控制钻头伸出，控制钢圈套板在导轨上前后移动，调整打孔位置，调整完成后，起动伺服电动机，使钻头进行打孔操作。

3. 主要机构介绍

钢圈套板如图4-77所示，由夹板3夹紧钢圈毛坯材料，由伺服电动机1控制钢圈套板在导轨2上前后移动。

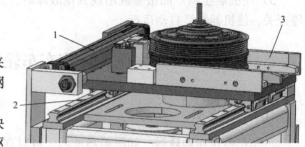

图4-77 钢圈套板
1—伺服电动机 2—导轨 3—夹板

升降调节机构如图4-78所示，固定块2与钻头安装套1位置相固定，由气缸3驱动控制固定块2的升降，从而控制钻头安装套1的升降。

钻头安装套如图4-79所示，设有伺服电动机2和伺服电动机3，由升降调节机构控制钻头安装套1的升降，钻头由伺服电动机2驱动控制为钢圈打孔，伺服电动机3用于控制钢圈旋转，调整钢圈角度。

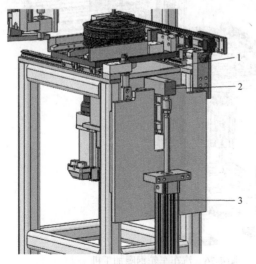

图4-78 升降调节机构
1—钻头安装套 2—固定块 3—气缸

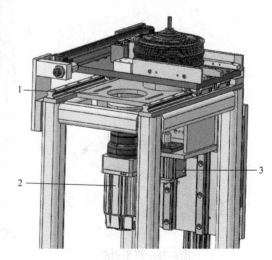

图4-79 钻头安装套
1—钻头安装套 2、3—伺服电动机

激光切割机构如图4-80所示，由气缸1控制撬棒3的角度，从而控制钢圈毛坯材料的角度，以保证切割质量，激光切割头2的水平位移由气缸4控制。

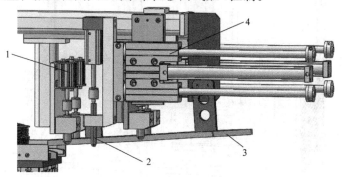

图4-80 激光切割机构
1、4—气缸 2—激光切割头 3—撬棒

4. 机械设计亮点

汽车车轮钢圈加工机的左侧安装有线盒，且线盒与供电接口安装在同一侧，通过线盒可以将蓄电装置上所需要的线缆，全部收入其内进行排线操作，避免了线缆错乱，使用不方便的问题。钢圈套板可以将钢圈毛坯材料进行固定，通过激光切割套筒外侧的激光喷口，可以对钢圈毛坯进行去边成型操作，且激光切割效率高，不会出现毛边问题，提高了切割质量。

5. 注意事项

1）操作者必须严格遵守汽车车轮钢圈加工机的安全操作规程。
2）按规定穿戴好劳动防护用品，在激光束附近必须佩戴符合规定的防护眼镜。
3）在加工过程中发现异常时，应立即停机，及时排除故障或上报主管人员。
4）保持床身及周围场地整洁、有序、无油污，工件、板材、废料按规定堆放。

案例65 汽车密封条冲切机

1. 案例说明

伴随着汽车行业的兴起，汽车零部件生产加工行业也得到了极大的发展。其中，汽车密封条具有填补车身组成部件间的各种间隙、缝隙的作用，具有减震、防水、防尘、隔音、装饰等功用。汽车密封条冲切机适用于汽车密封条的自动化加工，整体结构如图4-81所示，局部放大图如图4-82所示，主要由机架1、固定切割机构2、固定密封条座3、电气控制箱（图4-82中未显示）4、推进机构5和活动切割机构6等机构组成。汽车密封条冲切机具有工作效率高、切割端面平整、冲裁定位精确等优点。

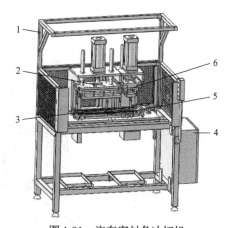

图4-81 汽车密封条冲切机
1—机架 2—固定切割机构 3—固定密封条座
4—电气控制箱 5—推进机构 6—活动切割机构

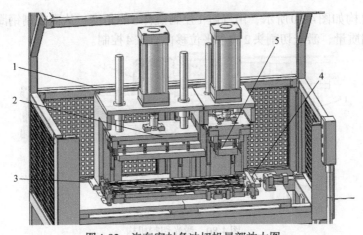

图 4-82　汽车密封条冲切机局部放大图

1—机架　2—固定切割机构　3—固定密封条座　4—推进机构　5—活动切割机构

2. 工作原理

汽车密封条冲切机工作时，将密封条穿在固定切割机构、活动切割机构上，密封条左端通过固定切割刀片裁切之后保证密封条左端端口平整，推平板推动密封条并保证密封条左端齐平，之后固定切割机构的气缸带动固定压板将密封条压紧在固定密封条座上，控制活动切割机构的活动切割刀片下行对密封条右端切割，从而获得所需尺寸的密封条。

3. 主要机构介绍

固定切割机构及活动切割机构如图 4-83 所示。密封条固定在固定密封条座 4 上，由气缸 1 驱动控制固定压板 2 将密封条压紧在固定密封条座 4 上，由固定切割刀片 3 对密封条进行裁

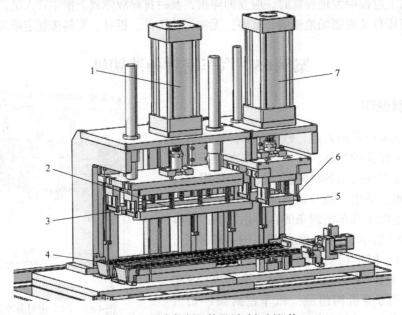

图 4-83　固定切割机构及活动切割机构

1、7—气缸　2—固定压板　3—固定切割刀片　4—固定密封条座　5—活动压板　6—活动切割刀片

切。活动切割机构由气缸7驱动，控制活动压板5将密封条压紧在固定密封条座4上，由活动切割刀片6对密封条进行裁切。

推进机构如图4-84所示，由气缸2驱动控制推平板1推动密封条，保证密封条切割的精度。

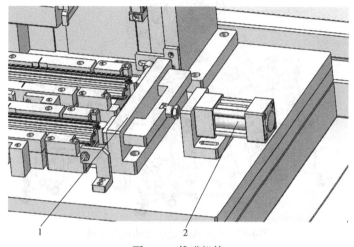

图4-84　推进机构
1—推平板　2—气缸

4. 机械设计亮点

汽车密封条冲切机通过控制两个切割机构在机架上的距离，从而控制所需裁剪的密封条长度，并且依靠固定密封条座对放置在两个切割机构之间的密封条进行支撑锁紧，确保裁剪尺寸精度。固定密封条座内部设有缓冲凹槽，使得冲裁端面平整度提高，同时避免冲裁刀和固定密封条座硬性接触，从而延长设备使用寿命，减少维修费用。

5. 注意事项

1）未经培训和允许不得私自操作汽车密封条冲切机。

2）机器进行冲裁动作时，双手请离开冲刀或斩板，严禁用手去扶助刀和密封座，以免产生危险。

3）更换新的冲刀时，如高度不一样，应按设定方法，重新设定。

4）避免超负荷使用，以免损坏机器而减少使用寿命。

案例66　汽车风窗玻璃自动化密封机

1. 案例说明

汽车风窗玻璃既要起到保护乘员的作用，同时也要具备密闭性以及良好的隔音效果，而风窗玻璃的安装质量直接影响到整车的密封性和安全性，是汽车总成中的一道重要工序。汽车风窗玻璃自动化密封机适用于对风窗玻璃进行自动化涂胶并可使得整块风窗玻璃涂胶均匀。汽车风窗玻璃自动化密封机整体结构如图4-85所示，主要由涂胶机器人1、固定架2、支撑条3和涂胶机构4等部件组成。汽车风窗玻璃自动化密封机具有生产效率高、涂胶均匀，能保证风窗玻璃与车架连接稳定等优点。

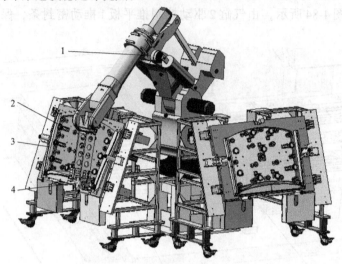

图4-85　汽车风窗玻璃自动化密封机
1—涂胶机器人　2—固定架　3—支撑条　4—涂胶机构

2. 工作原理

汽车风窗玻璃自动化密封机工作时，先通过示教系统规划好涂胶机器人的涂胶轨迹，再将涂胶机构固定安装在涂胶机器人的机械手上，此时，将汽车风窗玻璃固定在固定架上，使挡风玻璃与支撑架完全贴合，涂胶机器人运行，通过涂胶机构将胶水均匀地抹在风窗玻璃边缘。

3. 主要机构介绍

涂胶机器人如图4-86所示，机器人底座3固定在地面上，机械手2与涂胶机构相固定，主要由伺服电动机1驱动，通过示教系统规划涂胶轨迹。

固定架与涂胶机构如图4-87所示，风窗玻璃通过吸盘1固定在固定架上，四边与支撑条

图4-86　涂胶机器人
1—伺服电动机　2—机械手　3—机器人底座

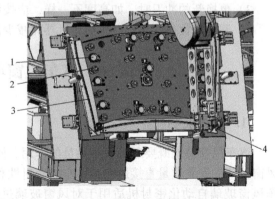

图4-87　固定架与涂胶机构
1—吸盘　2—挤压块　3—支撑条　4—涂胶机构

3对齐并紧密贴合，同时，在风窗玻璃和支撑架中间设有多个挤压块2，防止涂胶的时候风窗玻璃破裂。涂胶机构4与涂胶机器人相固定，沿着支撑条3为风窗玻璃涂抹胶水。

4. 机械设计亮点

汽车风窗玻璃一般都做成整体一幅式的大曲面形，上下左右都有一定的弧度，这种曲面玻璃不论从加工过程还是从装嵌的配合来看，都是一种技术要求十分高的产品，因为它涉及车型、强度、隔热、装配等诸多问题。汽车风窗玻璃自动化密封机在进行涂胶过程中通过涂胶机器人自动涂胶，工作效率高，涂胶均匀，并且在机械手进行涂胶时作业不会对玻璃造成损伤，避免不必要的经济损失。

5. 注意事项

1）定量泵为电动机变频控制，其流量可根据涂肢机器人涂胶枪的工作速度自动调整。

2）定量泵进口配有快速截断阀装置，能做瞬时断胶处理，防止设备不涂胶时，胶水压力对定量泵产生损坏。

3）定量泵系统通过通讯电缆连接到主控制柜，系统运行和涂胶枪的开启由主控系统控制。定量泵应使机器人涂胶枪的出胶压力稳定，不可出现断胶和胶量过多情况。

4）供胶管路应具有对胶的加热及保温功能，能保证胶枪出口处的胶保持一定的温度，输胶管路应有足够的耐压能力。管路密封性要好，要在长时间不工作的状态下，保证整个系统管路不出现故障。

案例67 汽车连杆精加工机床

1. 案例说明

汽车连杆如图4-88所示，是汽车发动机中的重要零件，它连接着活塞和曲轴，其作用是将活塞的往复运动转变为曲轴的旋转运动，并把作用在活塞上的力传递给曲轴以输出功率。连杆的主要损坏形式是疲劳断裂和过量变形。连杆的工作条件要求连杆具有较高的强度和抗疲劳性能，又要求具有足够的钢性和韧性，因此，在连杆外形、过渡圆角等方面需严格要求，还应注意表面加工质量以提高疲劳强度。汽车连杆精加工机床适用于汽车连杆的精加工，整体结构如图4-89所示，俯视图如图4-90所示，主要由铣削装置1、伺服进给电动机2、操作面板3、机架4、镗床5、精镗夹具6、固定机构7

图4-88 汽车连杆

和电气控制箱8（图4-90中未显示）等部件组成。汽车连杆精加工机床具有加工效率高、自动化程度高，产品质量好等优点。

机械装备机构设计100例

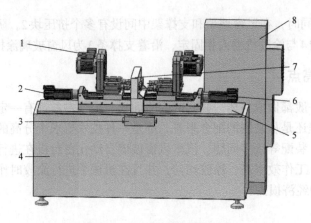

图4-89　汽车连杆精加工机床

1—铣削装置　2—伺服进给电动机　3—操作面板　4—机架　5—镗床　6—精镗夹具　7—固定机构　8—电气控制箱

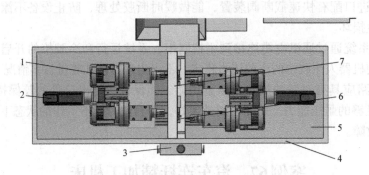

图4-90　汽车连杆精加工机床俯视图

1—铣削装置　2—伺服进给电动机　3—操作面板　4—机架　5—镗床　6—精镗夹具　7—固定机构

2. 工作原理

将汽车连杆精加工机床调试安装好，将待加工的连杆安装到精镗夹具上并固定好，按下操作面板中的起动按钮，数控系统发出预存的加工指令到伺服电动机，伺服电动机按照该加工指令前行靠近固定机构从而带动安装在铣削装置上的镗刀靠近安装在精镗夹具上的连杆，同时铣削装置的伺服进给电动机控制动力头旋转，进而带动安装在动力头上的镗刀旋转，从而镗刀开始对连杆的大小孔镗孔。当伺服进给电动机按照加工指令镗完孔后，伺服电动机按照停止加工指令后退从而带动安装在动力头上的镗刀后退远离连杆，工作人员取出加工好的连杆，将下一个待加工的连杆安装到精镗夹具上并固定好准备加工。

3. 主要机构介绍

精镗夹具如图4-91所示，由左右夹具及中间的旋转夹具固定待加工的连杆，在精镗夹具的右侧夹具中设有气缸，由气缸驱动将连杆两侧夹紧，旋转夹具用于固定连杆中部，使连杆在加工的时候不会脱落造成事故。

铣削装置及进给机构如图4-92所示，进给机构由伺服电动机5驱动，从而控制工装滑动台4靠近固定机构从而带动安装在铣削装置上的镗刀3靠近安装在精镗夹具上的连杆。铣削装置由伺服电动机1控制动力头2旋转，进而带动安装在动力头2上的镗刀3旋转，从而镗刀3开始对连杆的大小孔进行镗孔。

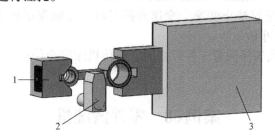

图4-91 精镗夹具

1—左夹具 2—旋转夹具 3—右夹具

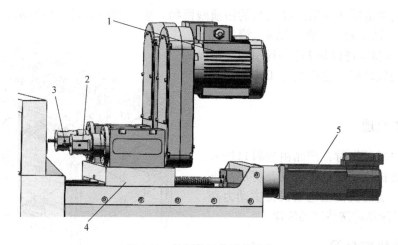

图4-92 铣削装置及进给机构

1、5—伺服电动机 2—动力头 3—镗刀 4—工装滑动台

4. 机械设计亮点

镗床和工装滑动台的间隙中嵌入有调节镶条，在工装滑动台底面设有一个挖空为T字形的缺口，该缺口在套入工装滑动台后产生的间隙与调节镶条的大小相匹配。该结构不仅利于工装滑动台朝两侧直线移动，还能够在上下和前后承受较大的力，有效保证在镗孔时工装滑动台不上下、前后晃动，保证了产品的加工质量。汽车连杆精加工机床的铣削装置的侧面连接有可拆卸的伸缩杆，当精镗完连杆的大小孔后，液压缸的伸缩杆先伸出一定距离，带动工装滑动台上的精镗夹具上的连杆大小孔与镗刀保持一定距离，然后镗刀再退回，这样，镗刀在退回时不再刮到大小孔的内壁表面，消除了刀痕，保证了产品质量。

5. 注意事项

1）禁止用手或其他任何方式接触正在旋转的主轴、工件或其他运动部位；禁止用手接触镗刀和铁屑，铁屑必须要用铁钩子或毛刷来清理。

2）除工作台上安放工装和工件外，机床上严禁堆放任何工、夹、刃、量具、工件和其他杂物。

3）加工过程中，操作者不得擅自离开机床，应保持思想高度集中，观察机床的运行状态。若发生不正常现象或事故时，应立即终止机床运行，切断电源，不得进行其他操作。

4）机床运转中，绝对禁止变速。变速或换刀时，必须保证机床完全停止，开关处于"OFF"位置，以防机床事故发生。

5）在程序运行中须暂停测量工件尺寸时，要待机床完全停止、主轴停转后方可进行测量，以免发生人身事故。

案例68 零件清洗机

1. 案例说明

零件清洗机适用于清洁产品表面的污渍残留物，整体结构如图4-93所示，主要由工作台1、机架2、清洗槽3、驱动轴4、清洗机构5、进料口6和推进机构7等部件组成。清洗机具有清洗效果好、速度快、工作稳定等优点。

2. 工作原理

零件清洗机工作时，产品由进料口送入清洗机，推进机构不断前后推动，将产品推入清洗槽中，清洗机构由电动机提供动力高速转动，通过滚动冲洗将产品洗净。

3. 主要机构介绍

推进机构如图4-94所示，由伺服电动机控制沿着导轨2不断前后推动置于工作台上的需要清洗的产品，同时清洗机在工作台1设有多个槽位，使产品能够有序地落入清洗槽中，防止产品堆积堵塞。

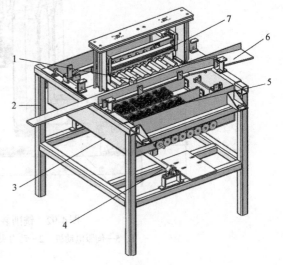

图4-93 清洗机

1—工作台 2—机架 3—清洗槽 4—驱动轴
5—清洗机构 6—进料口 7—推进机构

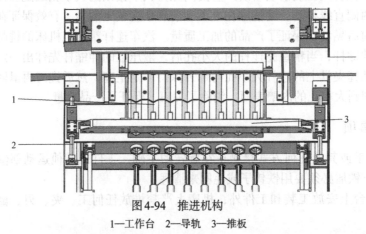

图4-94 推进机构

1—工作台 2—导轨 3—推板

驱动机构如图4-95所示，驱动轴2与电动机连接，同时驱动轴2与清洗机构的旋转轴1通过平带实现传动，清洗机构的各旋转轴1通过齿盘相互传动，从而实现所有旋转轴1的高速旋转。

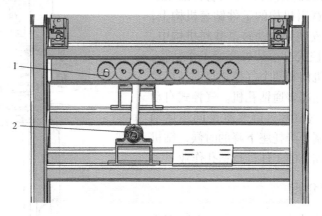

图4-95　驱动机构
1—旋转轴　2—驱动轴

4. 机械设计亮点

零件清洗机设置了工作台和设于工作台上的多个槽位，通过这些槽位和推动机构使产品能够快速有序地送入清洗槽中，清洗机构的多个旋转轴由同一台电动机同步驱动，完成对产品的清洗，清洗后取出工件即可实现对工件的连续自动化清洗，清洁效果好，且能提高生产效率，可实现一人多机。

5. 注意事项

1）使用清洗机前，必须有可靠的接地装置。

2）工作现场严禁携带火种及明火作业（使用酒精、丙酮、汽油等挥发易燃液体时，应加盖，此时严禁使用加热功能）。

3）清洗液温度不高于60℃，否则会影响清洗效果，一般为常温状态下即可。

4）槽内无清洗液，不得开机，以免清洗机空载损坏。

5）清洗机长期不用时，应将槽内清洗液放掉，并将机体擦洗干净。

6）清洗机应放置在干燥、清洁的房间使用，严禁在潮湿、污染、阳光直射的地方使用。

案例69　转盘式自动钻孔机

1. 案例说明

转盘式自动钻孔机用于在工业加工领域对工件进行钻孔作业，整体结构如图4-96所示，主要由气控式自动钻机1、自动转盘载料机构2、机架3等部件组成。转盘式自动钻孔机具有能够在一次装夹的情况下完成圆盘部件上所有的环形分布孔的钻孔工作，制造成本较低，维修保养比较容易等优点。

2. 工作原理

转盘式自动钻孔机工作时，工人将待加工工件安装于自动转盘载料机构的工件钻套机构上，再将工件钻套机构安装到自动转盘载料机构中，起动钻孔机后，气控式自动钻机开始工作钻孔，两个自动转盘载料机构和两个气控式自动钻机轮流工作，加工效率远超普通钻孔机。气控式自动钻机的钻机头推进气缸和升降气缸是同步运动的，当升降气缸控制升降托座下降的时候，钻机头同步下降，对待加工的工件进行钻孔作业。

3. 主要机构介绍

气控式自动钻机如图4-97所示，当待加工工件安装好后，气控式自动钻机由电动机5驱动

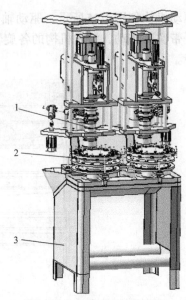

图4-96　转盘式自动钻孔机

1—气控式自动钻机　2—自动转盘载料机构　3—机架

控制钻机头3旋转，气控式自动钻机的钻机头推进气缸4和升降气缸1是同步运动的，推进气缸4用于控制钻机头3的位置，升降气缸1用于控制钻机头3的升降，当升降气缸1控制升降托座2下降的时候，钻机头3同步下降，对待加工的工件进行钻孔作业。

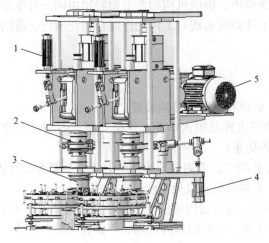

图4-97　气控式自动钻机

1、4—气缸　2—升降托座　3—钻机头　5—电动机

4. 机械设计亮点

传统的通过人工使用台钻进行手动钻孔作业的方式效率低下，钻孔精度不能保证，钻孔良品率较低。特别是对异形工件的不同位置进行钻孔作业时，还需要更换工装才能钻下一个孔，效率及良品率更加低下。转盘式自动钻孔机通过转盘载料机构固定待加工工件，使气控式自动钻机能够在一次装夹的情况下完成圆盘部件上所有环形分布孔的钻孔工作，极大地提高了钻孔工作效率和精确性。

5. 注意事项

1）操作人员操作前必须熟悉机器的性能、用途及机器的操作注意事项。

2）操作人员在操作时必须穿适当的工作服、不准戴手套、非操作人员不准接近工作中的机器。

3）开机前检查各部件是否正确定位、检查工作台面上是否有工具或异物。

4）在机器调试、找正位置后将固定板锁紧。

5）操作人员因事离岗时必须先关机，杜绝在操作中攀谈。

6）机器运转异常时，应立即停机找专业人员检修，检修时确保电源断开。

7）在安装钻头时一定要确认钻头的旋转方向，并将钻头固定螺钉拧紧。

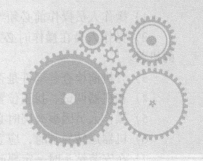

第5章

检测仪器与设备

案例70　CCD检测自动包装机

1. 案例说明

CCD检测自动包装机（"CCD"是指电荷耦合器件）可用于检测多种产品的平面度、接触点高度、是否缺针等，通过检测自动将不良品剔除，良品则输送到包装机进行自动包装。整体结构如图5-1所示，局部放大图如图5-2所示。主要由显示屏1、包装机构2、回收箱3、机座4、第一检测机构5、夹具6、进料口7、产品搬运机构8和第二检测机构9（进料口在图5-1中为6，产品搬运机构在图5-1中为7，夹具和第二检测机构在图5-1中未显示）等部件组成。CCD检测自动包装机将供料、检测、包装集于一体，有效地提高了检测包装效率。

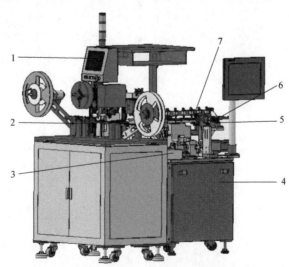

图5-1　CCD检测自动包装机整体结构图

1—显示屏　2—包装机构　3—回收箱　4—机座　5—第一检测机构　6—进料口　7—产品搬运机构

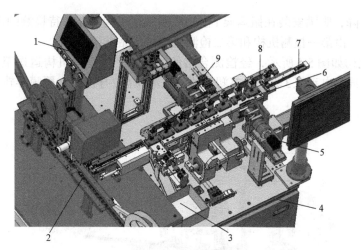

图5-2 CCD检测自动包装机局部放大图

1—显示屏 2—包装机构 3—回收箱 4—机座 5—第一检测机构 6—夹具
7—进料口 8—产品搬运机构 9—第二检测机构

2. 工作原理

CCD检测自动包装机工作时，首先接通电源，待检测的产品从进料口输入，产品搬运机构顶端装有吸嘴，通过旋转换向不断将产品运送至夹具，并分别在第一检测点和第二检测点对产品进行检测。检测后，经过数据分析，将不合格的产品剔除到回收盒中，良好的产品则搬运至包装机构，由产品包装机构对产品进行包装，从而完成产品的自动检测包装过程。

3. 主要机构介绍

吸嘴如图5-3所示，吸嘴2通过管路与真空泵1连接，工作时，由真空泵1抽出吸嘴2与物体表面间的气体，使吸嘴2与物体表面间的空间中形成负压，从而使吸嘴2牢牢吸附于物品表面。相对其他机械搬运方式，真空吸嘴2能在不伤害产品或原材料的前提下完成整个运送过程，因此真空吸嘴2经常被用于电子元件、纸类、泡沫塑料类产品的运输。

产品搬运机构如图5-4所示，由伺服电动机2驱动，用凸轮机构3控

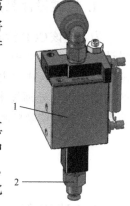

图5-3 吸嘴
1—真空泵 2—吸嘴

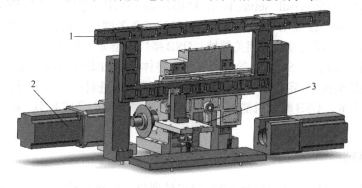

图5-4 搬运机构
1—搬运架 2—伺服电动机 3—凸轮机构

機械装備機構設計100例

制搬运机构的升降，吸嘴安装在搬运架1上，产品搬运机构不断将待检测的产品从进料口运送至检测点下方，由第一检测机构和第二检测机构对产品进行检测。

产品包装机构如图5-5所示，经检测合格的产品由产品搬运机构运送至产品包装机构，产品包装机构由伺服电动机3驱动，将塑料薄膜从薄膜盘2导出，在覆膜导轨4上将产品覆膜包装。

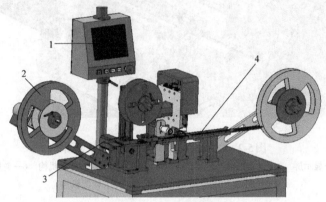

图5-5　产品包装机构
1—显示屏　2—薄膜盘　3—伺服电动机　4—覆膜导轨

4. 机械设计亮点

为了使该CCD检测自动包装机结构更紧凑，专门为该CCD检测自动包装机的搬运机构设计了一套凸轮机构，只需一台电动机便可以平稳准确地搬运电子元件。该设备采用CCD检测原理，即嵌入式中央控制及工业级图像高速传输控制技术，基于CCD/CMOS与DSP/FPGA的图像识别与处理技术，成功建立了光电检测系统。应用模糊控制的精选参数自整定技术，使系统具有对精确检测的自适应调整，实现产品的自动分选功能。

案例71　USB测试机

1. 案例说明

通用串行总线（Universal Serial Bus，USB）是一种串口总线标准，也是一种输入输出接口的技术规范，被广泛应用于个人计算机和移动设备等通信产品，并扩展至摄影器材、数字电视（机顶盒）、游戏机等其他相关领域，USB接口模型如图5-6所示。

USB测试机主要用于USB接口的检测工作，整体结构如图5-7所示，局部放大图如图5-8所示，主要由测试机构1、定位机构2、触摸屏3、机架4、进料口5、折弯机构6、取料机构7和主机8等机构组成。USB测试机能极大地提高生产效率和产品成品率，减少产品报废率并降低生产成本。

2. 工作原理

USB测试机工作时，待检测的USB接口组件通过送料机构输入该USB测试机，由取料机构采集接口USB组件并排列整理，依次由定位机构、折弯机构、测试机构对USB进行加

150

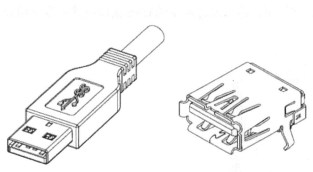

图5-6 USB接口模型

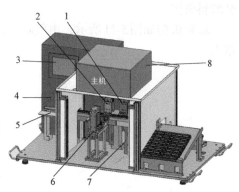

图5-7 USB测试机

1—测试机构 2—定位机构 3—触摸屏 4—机架
5—进料口 6—折弯机构 7—取料机构 8—主机

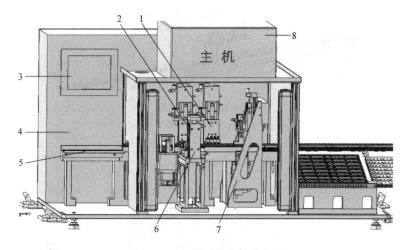

图5-8 USB测试机局部放大图

1—测试机构 2—定位机构 3—触摸屏 4—机架 5—进料口 6—折弯机构 7—取料机构 8—主机

工和测试,从而达到提高USB接口组件的
成品率的目的。

3. 主要机构介绍

定位机构和折弯机构如图5-9所示,
USB测试机工作时,定位机构1下压,固
定USB接口组件,此时折弯机构3起动,
推动折弯头2将USB接口组件与USB外壳
相固定。

测试机构如图5-10所示,该机构通过
插针2测试USB的弹片是否完整且回弹良
好,测试完成后将USB接口组件继续输送

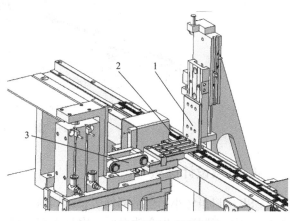

图5-9 定位机构和折弯机构

1—定位机构 2—折弯头 3—折弯机构

至取料机构。

取料机构如图5-11所示，由气缸1驱动控制，将未通过测试的USB接口组件夹取至回收箱2。

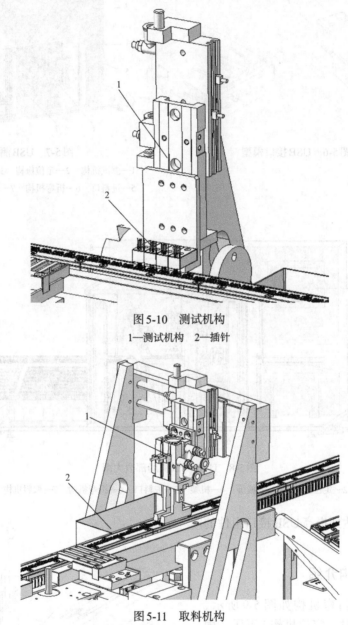

图 5-10 测试机构
1—测试机构 2—插针

图 5-11 取料机构
1—气缸 2—回收箱

4. 机械设计亮点

USB接口虽然小，但是部件多，结构精密，过去生产USB接口，一条生产线上需要十几个人来全手工制造，生产效率低，次品率高。该USB测试机通过结构设计，由机器代替人工对USB接口组件进行加工和测试，极大地节省了劳动力，并提高了产品质量。

案例72 气密性测试机

1. 案例说明

气密性测试机是对产品气密性自动测试的一种机器，整体结构如图5-12所示，局部放大图如图5-13所示，主要由气压表1、机架2、电源开关3、参数设置盘4、增压机构5和报警灯6组成。气密性测试机能根据设定的测试参数及标准自动进行充气、平衡、检测、判定、排气、显示、报警、信息传送等操作，从而消除检测中人为因素的影响，实现检漏工作的标准化、高效化和自动化。

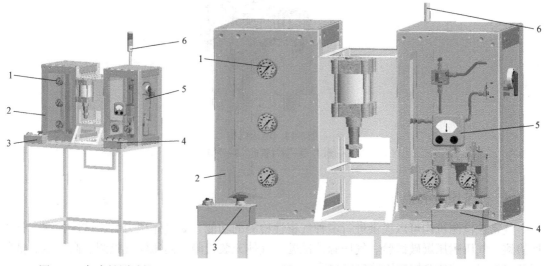

图5-12 气密性测试机
1—气压表 2—机架 3—电源开关
4—参数设置盘 5—增压机构 6—报警灯

图5-13 气密性测试机局部放大图
1—气压表 2—机架 3—电源开关 4—参数设置盘
5—增压机构 6—报警灯

2. 工作原理

作为一般的检漏手段，都是用压力表或压力传感器直接测量被测工件内部的压力变化，进而推算出工件的泄漏量。然而当测试环境复杂，精度要求高或是测试压力大、泄漏微小时，这种方法对压力表或传感器的要求将会很高，也就使得检测成本相当昂贵，有时甚至是不可能实现的。该气密性测试机采用高精度的电子压力传感器，由气源按检测要求提供稳定的检测气源，然后通过设备加压到被测工件上，当工件内部压力达到检测压力后，气体经过一段时间的稳定后进入检测阶段。当被检测工件没有泄漏时，检测压力基本保持不变，当被测工件存在泄漏时，工件内的气体压力随着气体从被测工件中泄漏而逐步下降，压力传感器实时输出相应的压力变化，进而按照预先设置的参数，系统自动判断是否泄漏，检测过程完全自动化，消除了人为因素的影响。

3. 主要机构介绍

增压机构如图5-14所示，按照参数设定，由气源3供气，通过供气管道2，为气密性检测机构进行增压。

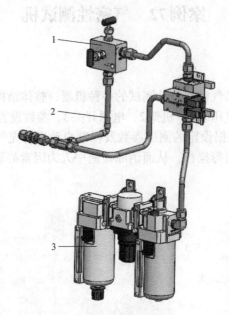

图 5-14 增压机构

1—阀门 2—供气管道 3—气源

4. 机械设计亮点

气密性检测机构可以提供进行多种气密性检测的功能,如气体压力耐压试压检测、气密性检测、气压耐压爆破试验、气压脉冲试验、气体充装检测、高压配气检测、高气压、低气压环境模拟、其他非标气压设备检测等。

案例73 电池电极的自动检测机

1. 案例说明

电池电极的自动检测机主要用于电池电极的检测,整体结构如图5-15所示,主要由电池

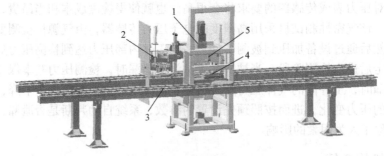

图5-15 电池电极的自动检测机

1—电池电极检测机构 2—电池装配机构 3—输送机构 4—分拣机构 5—红外线检测机构

电极检测机构1、电池装配机构2、输送机构3、分拣机构4、红外线检测机构5等部件组成，电池电极检测机构1包括正负极检测机构和电池外壳检测机构，输送机构3包括平带和检测平台。电池电极的自动检测机操作简单，检测精度高，极大地提高了电池电极的检测效率，从而提高了生产效率。

2. 工作原理

电池电极的自动检测机工作时，由电池装配机构将电池搭载在检测平台上，由平带运输至电极检测机构，红外线检测机构监测到电池时，电极检测机构自动对电池进行电极检测，电极错误的电池由分拣机构分拣至回收盒中，输出电极正确的电池，从而实现电池电极的自动化检测。

3. 主要机构介绍

电池电极检测机构如图5-16所示，搭载在检测平台4上的电池由平带运输至电极检测机构，转盘2由气缸5的带动下移与检测平台4相连接，电动机1起动，带动检测平台4旋转，由红外线检测机构3对电池电极进行检测，同时，由分拣机构分拣出错误电极的电池。

电池装配机构如图5-17所示，搭载电池的检测平台2由平带运输至电池装配机构下方，此时，气缸4驱动，将压盘3下压，同时旋转检测平台2，由弹片1将倒伏的电池扶正，便于电池电极检测机构对电池进行检测。

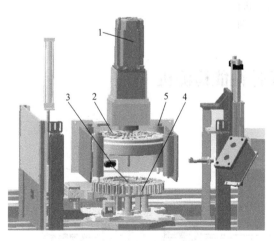

图5-16　电池电极检测机构
1—电动机　2—转盘　3—红外线检测机构
4—检测平台　5—气缸

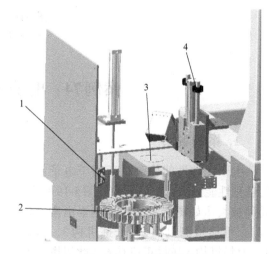

图5-17　电池装配机构
1—弹片　2—检测平台　3—压盘　4—气缸

分拣机构如图5-18所示，主要由夹具1和气缸2组成，当电池电极检测机构检测到电极错误的电池，气缸2驱动，夹具1将电极错误的电池夹取，回收至回收箱。

4. 机械设计亮点

电池电极的自动检测机利用交流阻抗试验得到电池的正极/负极、正极/参考电极、负极/参考电极在不同荷电状态SOC（SOC是指电池的荷电状态，也就是指电池中剩余电荷的可用状态。下同）和温度下的交流阻抗谱；分别利用全电池的等效电路、正极等效电路和负极等效电路对正极/负极、正极/参考电极、负极/参考电极的交流阻抗谱进行拟合，得到正极和负极的等效阻抗与SOC和温度相关的三维映射表；根据电池的SOC和平衡电动势曲线得到当前的电极平衡电动势；根据电极平衡电动势、电池的充/放电电流和三维映射表得到单电极电位。电池电极的自动检测机能够直接、方便地对普通电池的电极电动势进行测量，并提高测量结果的准确性。

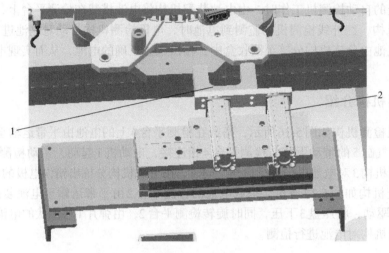

图5-18　分拣机构
1—夹具　2—气缸

案例74　电子元件性能检测机

1. 案例说明

电子元件性能检测机适用于电子元件的各种性能测试，整体结构如图5-19所示，局部放大图如图5-20所示，主要由搬运机构1、性能检测机构2、分拣机构3、机架4、上料机构5和找正机构6（此以图5-20为例，图5-19中的序号见图，控制台在图5-20中未显示）等部件组成。电子元件性能检测机具有速度快、效率高等特点，能够有效降低工人的劳动强度。

2. 工作原理

工作时，上料机构将电子元件输送到找正机构，由找正机构将电子元件翻转至指定角度，之后搬运机构将电子元件搬运

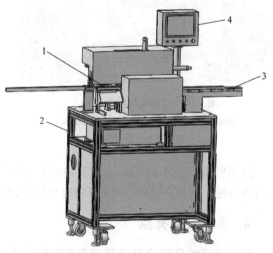

图5-19　电子元件性能检测机
1—分拣机构　2—机架　3—上料机构　4—控制台

至性能检测机构，由性能检测机构对电子元件进行检测，检测完成后由分拣机构将合格的电子元件输往下一道工序，不合格的电子元件输送至回收箱。

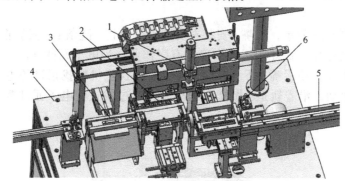

图5-20 电子元件性能检测机局部放大图

1—搬运机构 2—性能检测机构 3—分拣机构 4—机架 5—上料机构 6—找正机构

3. 主要机构介绍

上料机构如图5-21所示，电子元件从轨道3右侧输入设备，气缸2推动电子元件至找正机构1。

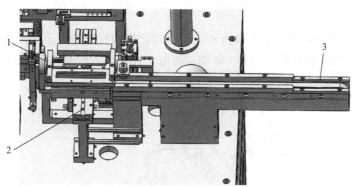

图5-21 上料机构

1—找正机构 2—气缸 3—轨道

找正机构如图5-22所示，当电子元件性能检测机工作时，由上料机构的气缸4将电子元

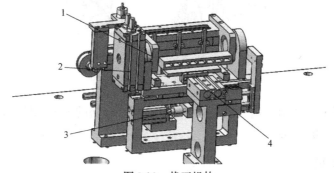

图5-22 找正机构

1—夹具 2—伺服电动机 3、4—气缸

件推入找正机构，此时找正机构的气缸3驱动，使夹具1张开并夹取电子元件，夹具1由伺服电动机2控制，可旋转调整电子元件方向，调整至电子元件引脚朝下，由搬运机构的吸嘴吸取电子元件。

搬运机构如图5-23所示，吸嘴4安装在安装框架2上，链条1与安装框架2相连接，起到稳固搬运机构的作用，保证搬运机构稳定有序作业。当电子元件性能检测机工作时，搬运机构的气缸6驱动，使吸嘴4下移，吸嘴4吸取经找正机构找正过的电子元件，此时安装框架由气缸5驱动，沿着轨道3做横向运动，将经过找正的电子元件搬运至性能检测机构2。

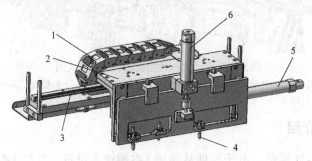

图5-23　搬运机构
1—链条　2—安装框架　3—轨道　4—吸嘴　5、6—气缸

电子元件性能检测机构如图5-24所示，经过找正机构找正的电子元件由搬运机构搬运至性能检测机构，性能检测机构由气缸1驱动，将电子元件推入检测器3进行检测，气缸2用于控制开合检测器3，检测数据在显示屏上显示。

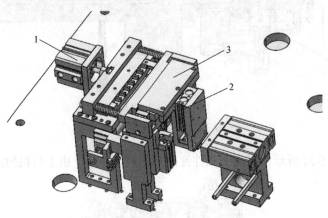

图5-24　电子元件性能检测机构
1、2—气缸　3—检测器

分拣机构如图5-25所示，由气缸1驱动，将检测不合格的电子元件选出，检测合格的电子元件则沿着导轨2继续输送。

4. 机械设计亮点

生产的电子元件都需要进行各种性能测试，传统生产中，每次测试都需要手动连接各种检测仪器，十分烦琐，无法实现电子元件各性能的自动检测。电子元件性能检测机通过自动测试，提高了检测效率，通过高精度载具，保证测试质量。设置了多个下料良品工站和不良品工站，提高了下料效率，有效避免了下料口产品容易堆积过多的问题。

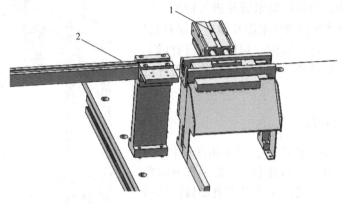

图5-25　分拣机构

1—气缸　2—导轨

5. 检测指标

源表部分：

1）电压源输出指标：最小量程：200mV，编程分辨率：5μV，输出精度：0.02%+37μV；最大量程：200V，编程分辨率：5mV，输出精度：0.02%+50mV。

2）电流源输出指标：最小量程：100nA，编程分辨率：2pA，精度：0.06%+100pA。最大量程：1.5A，编程分辨率：50μA，精度：0.06%+4mA。

3）电压测量指标：最小量程：200mV，分辨率：100nV，精度：0.015%+225μV。最大量程：200V，分辨率：100μV，精度：0.015%+50mV。

4）电流测量指标：最小量程：100nA，分辨率：100fA，精度：0.06%+100pA。最大量程：1.5A，分辨率：1μA，精度：0.05%+3.5mA。

多通道数据采集设备：

1）电压测量：最小量程：100mV，分辨率：0.01μV，精度：10ppm×读数+9ppm×100mV。最大量程：300V，分辨率：100μV，精度：10ppm×读数+9ppm×300V。

2）电阻测量：最小量程：1Ω，分辨率：0.1μΩ，精度：15ppm×读数+80ppm×1Ω。最大量程：100MΩ，分辨率：10Ω，精度：800ppm×读数+30ppm×100MΩ。

案例75　电阻片检测机

1. 案例说明

电阻片检测机适用于电阻片的快速检测分拣作业，整体结构如图5-26所示，主要由电阻片检测机构1、筛杆机构2、端料盒3、底座4、电气控制箱5及振动输送机6等部件组成。电阻片检测机结构之间采用刚性连接，具有装配简单，可靠耐用，容易维修等特点。

2. 工作原理

电阻片检测机工作时，电阻片由振动输送机送入电阻片检测机构，由探针对电阻片进行检测。检测完成后，气缸推动导向块将电阻片输送至端料盒。在端料盒上方设置有筛杆机构，筛杆机构设有两个旋转电动机和两个旋转块，可以有效地将电阻片进行分类。

3. 主要机构介绍

振动输送机如图5-27所示，振动输送机料斗3下面有个脉冲电磁铁，可以使料斗3做垂直方向振动，由倾斜的弹簧片带动料斗绕其垂直轴做扭摆振动，料斗内零件，由于受到这种振动而沿螺旋轨道上升，用于将电阻片排列整齐送入电阻片检测机构。

电阻片检测机构如图5-28所示，检测机构工作时，由气缸3推送电阻片，探针2和检测器5检测电阻数据，检测器5由气缸1驱动下移连接电阻片，检测完成后由筛杆机构4对电阻片进行分类。

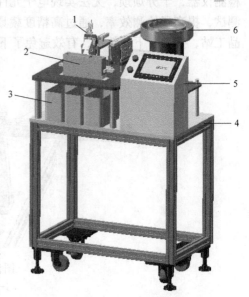

图 5-26　电阻片检测机

1—电阻片检测机构　2—筛杆机构　3—端料盒
4—底座　5—电气控制箱　6—振动输送机

图 5-27　振动输送机

1—导轨　2—振动基座　3—料斗

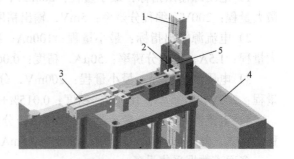

图 5-28　电阻片检测机构

1、3—气缸　2—探针　4—筛杆机构　5—检测器

筛杆机构结构如图5-29所示，其设有两个旋转电动机和两个旋转块，通过旋转筛杆可以有效地将电阻片进行分类。

4. 机械设计亮点

目前市场上很多电阻片检测机的自动化程度不够高，并且传送电阻片的方式单一，很多电阻片检测机没有一定的稳定性，市场上缺少一种高效、自动化程度高的电阻片检测机。该种电阻片检测机在底座工作平台的

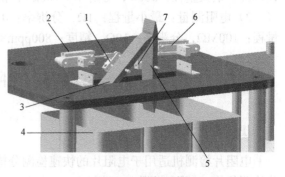

图 5-29　筛杆机构

1、7—旋转块　2、6—气缸　3、5—筛杆　4—端料盒

矩形孔下方设有端料盒，在底座工作平台上设有两个旋转电动机，电动机输出轴连接于旋转块的一端，旋转块的中孔设有连动杆，连动杆的端部穿入筛杆的槽孔内，便于电阻片的筛选。该种电阻片检测机装配简单，结构之间采用刚性连接，可靠性高，易维修。

案例76 卡扣端子分选机

1. 案例说明

端子如图5-30所示，是蓄电池与外部导体连接的部件。电工学中，端子多指接线终端，又叫接线端子，种类分单孔、双孔、插口、挂钩等，从材料分，有铜镀银、铜镀锌、铜、铝、铁等种类，它们的作用主要传递电信号或导电用。一般在端子加工中，都需要对加工完成的端子进行选别，以区分好坏。卡扣端子分选机适用于卡扣端子的自动分选，整体结构如图5-31所示，局部放大图如图5-32所示，主要由控制器1、凸轮机构2、端子夹具3、检测机构4、机架5和振动输送机6等部件组成。卡扣端子分选机具有检测效率高，准确度高，操作简单等优点。

图5-30 端子

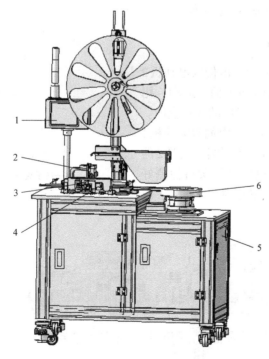

图5-31 卡扣端子分选机

1—控制器 2—凸轮机构 3—端子夹具 4—检测机构 5—机架 6—振动输送机

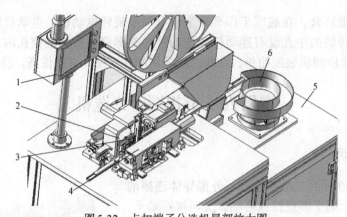

图5-32 卡扣端子分选机局部放大图

1—控制器 2—凸轮机构 3—端子夹具 4—检测机构 5—机架 6—振动输送机

2. 工作原理

卡扣端子分选机工作时，从振动输送机输入待检测的卡扣端子，通过导轨运送至检测机构检测点处，由检测机构进行检测，如端子为良品，则将端子放置于良品放置盒内，如端子为不良品，则将端子放置于回收盒内。端子夹具由伺服电动机驱动，工作时伺服电动机开启，端子夹具自动进行位置调试，伺服电动机每次起动电源时，都会自动回到原点。伺服电动机可带动凸轮机构转动从而控制端子夹具依次夹取端子，对检测好的卡扣端子进行分选工作。

3. 主要机构介绍

端子夹具如图5-33所示，由伺服电动机2驱动，从而带动端子夹具1自上而下运动，用于将检测好的卡扣端子送入对应的放置盒内。

凸轮机构如图5-34所示，由伺服电动机1驱动带动凸轮3转动，用于控制端子夹具2的水平位移，同伺服电动机配合依次将检测好的卡扣端子送入对应的放置盒内。

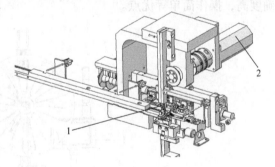

图5-33 端子夹具

1—端子夹具 2—伺服电动机

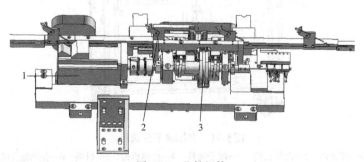

图5-34 凸轮机构

1—伺服电动机 2—端子夹具 3—凸轮

检测机构如图5-35所示,由伺服电动机2驱动控制检测头1对卡扣端子进行检测。检测头1内侧的位置安装有视觉镜头,由视觉镜头进行检测,可判定端子开口尺寸,如端子为良品,则端子放置于良品放置盒内,如端子为不良品,则将端子放置于不良品放置盒内。

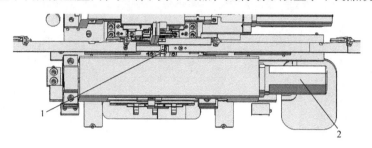

图5-35 检测机构
1—检测头 2—伺服电动机

4. 注意事项

1)在操作过程中,如果机器异常时,要关闭电源,并及时请维修人员来检修调试。

2)非指定人员不得调试或拆卸机器零件。

3)在工作中,如果需要离开,离开前请关闭电源。

4)终端的更换,必须先断开电源,然后替换操作。

5)设备起动前必须确认输出及回路线连接牢固。

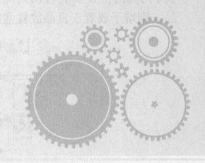

第6章

锡钎焊机械

案例77 直缝焊机

1. 案例说明

直缝焊机是一种通过自动化、机械化实现自动完成焊接工件的直线焊缝的自动化焊接设备，整体结构如图6-1所示，主要由气缸1、横梁2、焊接机头3、心轴机构4、主机5、伺服电动机6、回转机构7和焊枪微调机构8等部件组成。横梁2包括齿条及横梁驱动部件。直缝焊机可大量代替人工，大幅度提高生产效率和焊接质量，降低劳动成本，改善焊接工人的劳动环境。

2. 工作原理

直缝焊机工作时，将工件焊接处压紧，并且与焊接主梁及焊接机头对齐，通过气缸调节焊枪高度，通过焊枪微调机构微调焊枪以提高焊接精度，使焊枪钨极对准焊缝，伺服电动机带动焊接机头做水平位移，一次性完成工件的直缝焊接作业。

3. 主要机构介绍

焊枪微调机构如图6-2所示，通过顶撑1和顶撑2对焊接机头进行微调，极大地提高了焊接精度。

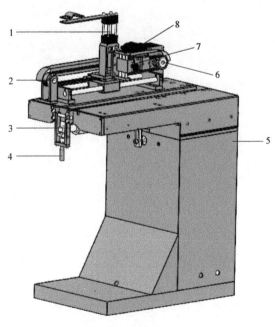

图6-1 直缝焊机

1—气缸 2—横梁 3—焊接机头 4—心轴机构 5—主机
6—伺服电动机 7—回转机构 8—焊枪微调机构

4. 机械设计亮点

1）采用悬臂结构，两悬臂梁焊接后进行退火去应力处理，保证横梁长期不变形。

2）气动式压紧结构，沿直缝两侧紧密排列，保证对接焊缝在整个焊接长度范围内均匀压紧；左右压指的间距可调整，以适应不同工件的焊接。

3）根据工件的厚度尺寸可采用气囊式或气缸式，保证有足够的压紧力，防止焊接过程中的热变形。

4）焊接芯轴镶嵌有铜制胎模，提供焊缝背气保护功能；根据筒体或平板工件加工不同焊接工艺槽，达到单面焊双面成形。

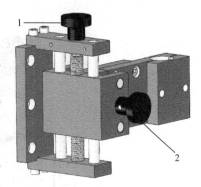

图6-2　焊枪微调机构
1、2—顶撑

5）焊接芯轴与压指间距可调，可适应不同工件焊接要求。

6）焊枪行走采用步进电动机驱动，齿轮齿条传动，轨道面经磨削加工，行走平稳，焊接稳定可靠。

5. 注意事项

直缝自动焊机现在广泛应用在钢构、造船、汽车、家用电器以及建筑装饰等制造行业，在直缝自动焊机的使用过程中，根据不同的产品，需要配置不同的配套产品。

1）对于1500mm以上的长焊缝工件的焊接，由于设备的误差或者工件本身误差，容易造成焊缝成形不好或者焊缝偏移，所以需要配置跟踪系统或者摆动系统，以克服由于焊缝弯曲而造成的咬边或未焊透等缺陷，以此才能真正实现自动焊接，达到提高效率和焊接质量的效果。

2）对于2mm以上厚会度钢板的筒体焊接，由于焊缝的间隙比较大，光凭工件的母材自身熔化量不能填平焊缝，会形成焊接缺陷，这时需要加上自动填丝机构，在焊接过程中增加金属的熔化量来填平焊缝，得到高质量的焊缝。

案例78　电气元件检测摆盘封焊一体机

1. 案例说明

电气元件检测摆盘封焊一体机可同时进行电气元件的封焊、检测、摆盘等工作，整体结构图如图6-3所示，俯视图如图6-4所示，主要由支撑框架1、控制箱2、悬架3、封焊机构4、支撑板5、检测机构6和摆盘机构7等部件组成。电气元件检测摆盘封焊一体机具有工作效率高，设备运行稳定等优点。

2. 工作原理

电气元件检测摆盘封焊一体机工作时，将电气元件批量输入封焊机构进行封焊作业，封焊完成后输入第一检测机构进行检测，检测焊接中是否出现虚焊、毛刺等异常情况，将检测合格的元件输送至摆盘机构，由摆盘机构对焊接检测完成的电器元件进行摆盘封装。

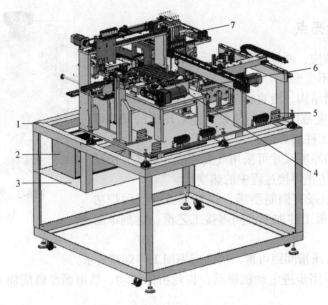

图6-3　电气元件检测摆盘封焊一体机

1—支撑框架　2—控制箱　3—悬架　4—封焊机构　5—支撑板　6—检测机构　7—摆盘机构

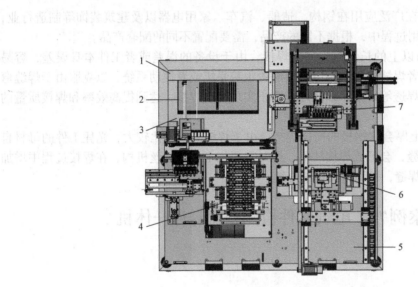

图6-4　电气元件检测摆盘封焊一体机俯视图

1—支撑框架　2—控制箱　3—悬架　4—封焊机构　5—支撑板　6—检测机构　7—摆盘机构

3. 主要机构介绍

封焊机构如图6-5所示，待封焊的电气元件由搬运机构1从进料口2搬运至封焊机构的回转支架5上，回转支架5由伺服电动机3驱动，将待封焊的电气元件送入封焊机构4中。

检测机构如图6-6所示，检测机构工作时，将封焊完成的电气元件置于检测显微镜2的下方，检测显微镜2由伺服电动机1控制驱动进行水平位移，由检测显微镜2对封焊部位进行检测，将检测结果为良好的电器元件送入摆盘机构。

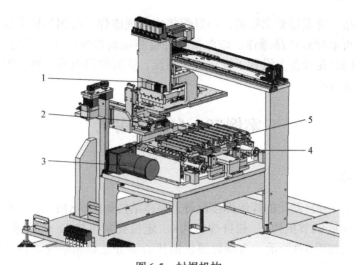

图6-5 封焊机构

1—搬运机构 2—进料口 3—伺服电动机 4—封焊机构 5—回转支架

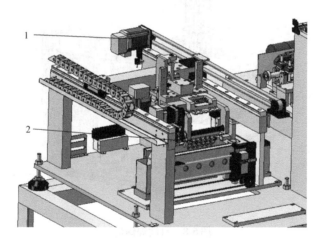

图6-6 检测机构

1—伺服电动机 2—检测显微镜

摆盘机构如图6-7所示，吸取机构1由伺服电动机3驱动，由吸取机构1吸取检测结果为良好的电器元件并置于摆盘轨道2上方，由摆盘轨道2将电器元件送往摆盘。

4. 机械设计亮点

目前由于受技术条件的限制，电器元件的焊接通常采用人工焊接，焊接质量难以保证。尤其是电器元件与内熔丝的焊接，操作时需要将直径通常为0.3~0.8mm的内熔丝与元件端面凸出的铝箔焊接起来，对焊接质量及人员的技能要求较高。而电器元件是在高电压、高场强

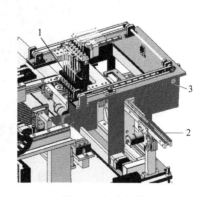

图6-7 摆盘机构

1—吸取机构 2—摆盘轨道 3—伺服电动机

工况下运行的产品，对质量要求很高，一旦焊接中出现虚焊、毛刺等异常情况时，会影响产品寿命，严重时可能导致产品爆炸。该电器元件检测摆盘封焊一体机采用自动化封焊技术，智能化程度高，同时在设备上设置了视觉检测系统，实时检测电器元件的焊接情况，从而保证电器元件的产品质量。

案例79　自动焊锡机

1. 案例说明

自动焊锡机是一种自动化的焊锡焊接设备，整体结构如图6-8所示，主要由水平位移机构1、升降机构2、角度调节机构3、锡钎焊机构4、定位夹紧机构5、锡液池6和机架7等部件组成，局部放大图如图6-9所示。自动焊锡机的核心部分是焊锡系统。自动焊锡机具有焊接精度高，自动化程度高等特点。

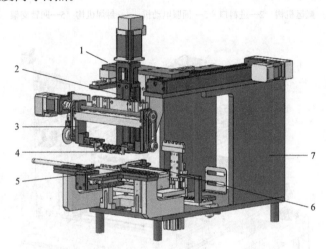

图6-8　自动焊锡机

1—水平位移机构　2—升降机构　3—角度调节机构　4—锡钎焊机构　5—定位夹紧机构　6—锡液池　7—机架

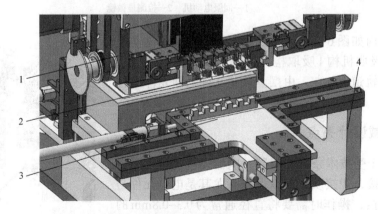

图6-9　自动焊锡机局部放大图

1—角度调节机构　2—锡钎焊机构　3—定位夹紧机构　4—机架

2. 工作原理

自动焊锡机工作时，将待锡钎焊的产品固定在加工底座上，由定位夹紧机构定位产品，锡钎焊机构自动加热，将锡丝加热熔化对元件进行焊接，待冷却后形成牢固可靠的焊点，完成自动焊锡过程。当焊锡工艺改变的时候，自动焊锡机可调整编程程序，在点焊、拖焊等工艺中自由变换。

3. 主要机构介绍

定位夹紧机构如图6-10所示，自动焊锡机工作时，将待锡钎焊的产品固定在加工底座3上，通过气缸2控制产品位置与锡钎焊机构1完成对接。

自动焊锡机运动系统如图6-11所示，由气缸1控制锡钎焊机构的垂直升降，由伺服电动机2通过带轮3控制锡钎焊机构的锡钎焊角度，由伺服电动机4驱动控制锡钎焊机构沿着导轨5在水平面位移，本设备通过多个机构协同配合完成产品的焊锡作业。

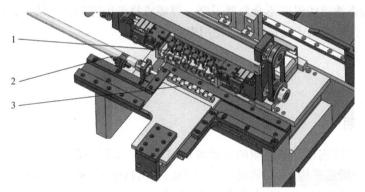

图6-10 定位夹紧机构
1—锡钎焊机构 2—气缸 3—加工底座

图6-11 自动焊锡机运动系统
1—气缸 2、4—伺服电动机 3—带轮 5—导轨

4. 机械设计亮点

1）采用多轴联动机械手，保证自动焊锡机技术的质量和稳定性。

2）同时支持点焊、拖焊，全部工艺参数可自行调试，以适应各种高难度作业和微焊锡工艺技术。

3）快速加温迅速降温，室温至所设定的温度300℃只需10s，0.1s内即可回温（温差10℃以内），温度误差±1℃。

4）可附加氮气供应治具，确保自动焊锡机最佳焊接质量。

5）可搭配自动化输送带，做到全自动化作业。

6）可外加CCD做全程监控。

5. 注意事项

在焊锡操作过程中的注意事项，焊点不能过于饱和，应该处于三、四点的中间，不然锡点过大就容易和旁边的焊点相互短路，锡要与元件脚呈小半圆形，这样焊出的线路板整齐，也是最良好的。焊接时的电压降不得大于初始电压的5%，而且操作时要戴手套、防护眼镜等。焊锡机在使用过程中不要将烙铁嘴放到海绵上清洁，只需将烙铁嘴上的锡放入集锡硬纸盒内，这样保持烙铁嘴的温度不会急速下降。焊锡机每天用完后，先清洁，再加足锡，然后马上切断电源，这样有助于延长机器的使用寿命。

案例80　测试浸锡机

1. 案例说明

测试浸锡机可以实现定子线圈的自动剪切脚、自动浸锡作业，整体结构如图6-12所示，主要由显示屏1、搬运机构2、切脚机构3、机架4、出料槽5、夹具6和钎料锅7等部件组成。测试浸锡机具有生产效率高，产品质量稳定的优点。

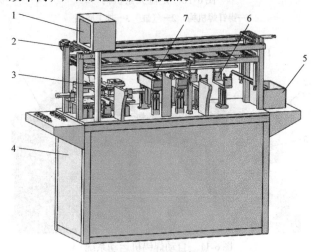

图6-12　测试浸锡机

1—显示屏　2—搬运机构　3—切脚机构　4—机架　5—出料槽　6—夹具　7—钎料锅

2. 工作原理

测试浸锡机工作时，按要求打开测试浸锡机电源开关，将温度设定为255~265℃（冬高夏低），在钎料锅中加入适量锡条，钎料锅中的锡条被锡钎焊炉加热熔化。将切脚机构的高度、宽度调节到指定数值，使搬运机构的宽度及平整度与线路板相符。由搬运机构将待焊工件输送到切脚机构的上方，由切脚机构剪去定子线圈多余部分，剪切完成后，将工件待锡钎焊的部位浸入焊锡炉的钎料锅中，由于亲和力的作用，锡料附着于工件待锡钎焊部位，取出工件并冷却，完成浸焊作业。

3. 主要机构介绍

搬运机构如图6-13所示，主要由气缸3控制产品架2的水平位移，由气缸1控制产品架2的升降，产品架2上方的同步带5由伺服电动机4驱动，批量将产品夹具运输至原位进行回收。

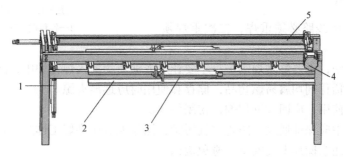

图6-13　搬运机构
1、3—气缸　2—产品架　4—伺服电动机　5—同步带

切脚机构如图6-14所示，主要由气缸2和气缸3控制切脚机构将定子线圈多余的脚给剪断。

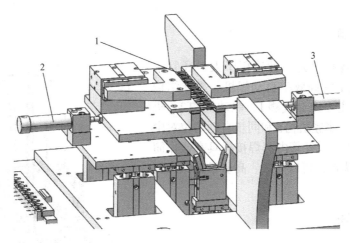

图6-14　切脚机构
1—切刀　2、3—气缸

焊锡炉如图6-15所示，焊锡炉设有钎料锅1，完成切脚工序的定子线圈由搬运机构输送至钎料锅1进行浸锡作业，钎料锅1与气缸2相连接，微微晃动钎料锅1，使钎料锅1内部锡液受热均匀。

4. 机械设计亮点

测试浸锡机在搬运机构上设有进料产品架和同步带，使焊锡作业与货架回收同步进行，提高了测试浸锡机的工作效率，同时减小了生产空间，保证了下一个工序的作业顺畅。测试浸锡机的搬运机构和焊锡炉都设置了气缸、抓手等组件用于摆动产品架，可以让锡液更快地与线脚紧密焊接。

图6-15　焊锡炉
1—钎料锅　2—气缸

5. 注意事项

1）焊接不良的线路必须重焊，二次重焊须在冷却后进行。

2）操作过程中，不要触碰焊锡炉，不要让水或油渍物掉入焊锡炉中，防止烫伤。

3）助焊剂、稀释剂均属易燃物品，储存和使用时应远离火源。

4）若长期不使用，应回收助焊剂，密闭保存。

5）焊接作业中应保证通风，防止空气污染，操作人员应穿好工作服，戴好口罩。

6）换锡时，注意操作人员安全，避免烫伤。

7）经常检验加热处导线，避免老化漏电。

8）注意检查锡液面，应不低于锅体顶部20mm。

案例81　大径管内部焊接机

1. 案例说明

大径管内部焊接机是一种适用于大口径管道内部进行根焊施工的高效率自动焊机，整体结构如图6-16所示，主要由储气罐1、驱动机构2、机架3、焊接单元4、胀紧机构5和同步自动定位对中机构6等部件组成。大径管内部焊接机具有操作简单、易于控制等优点，可以高效、高质量地完成管道内环缝的焊接。

2. 工作原理

为了获得更块的焊接速度和更高的精度，将需要焊接的两根管子的端部对好，并固定到位。由胀紧机构固定垂直的管子，同步驱动机构控制焊接单元对管子进行氩弧焊接。

氩弧焊接是采用高压击穿的起弧方式，使用钨极惰性气体保护弧焊，用工业钨或活性钨做不熔化

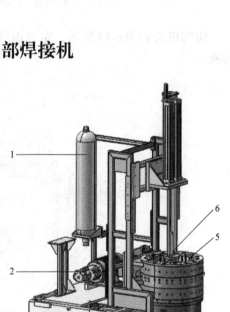

图6-16　大径管内部焊接机
1—储气罐　2—驱动机构　3—机架　4—焊接单元
5—胀紧机构　6—同步自动定位对中机构

电极，惰性气体（氩气）作保护的焊接方法。在电极针（钨针）与工件间加以高频高压，击穿氩气，使之导电，然后供给持续的电流，保证电弧稳定。

3. 主要机构介绍

胀紧机构如图6-17所示，通过多瓣式结构，使用压片1将两段直管固定，从而保证管子的垂直性和焊接的稳定性。

同步定位对中机构如图6-18所示，由气缸1驱动控制焊接单元4垂直方向的位移，将直管对接固定后，由焊接单元4在管道内部进行焊接。

保护气供给系统如图6-19所示，用于为焊接提供保护气。

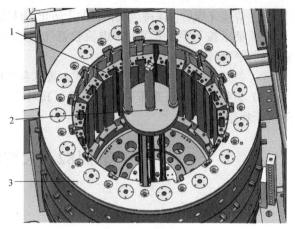

图6-17 胀紧机构
1—压片 2—同步自动定位对中机构 3—垂直管道

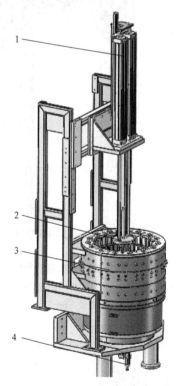

图6-18 同步定位对中机构
1—气缸 2—同步自动定位对中机构
3—胀紧机构 4—焊接单元

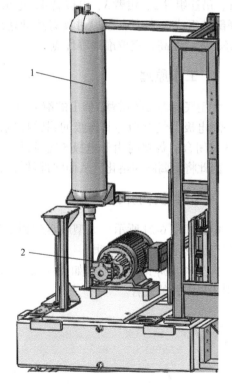

图6-19 保护气供给系统
1—储气罐 2—驱动机构

4. 机械设计亮点及注意事项

1）要求先提供氩气再进行焊接，完成焊。氩气是较易被击穿的惰性气体，先在工件与电极针间充满氩气，有利于起弧。

2）焊接完成后，保持送气，有助于防止工件迅速冷却而被氧化，保证了良好的焊接效果。

3）要求按下手动开关时，电流较氩气延迟接通，手动开关断开（焊接结束后），根据要求延时供气电流先断。

4）氩弧焊机采用高压起弧的方式，要求起弧时有高压，起弧后高压消失。

5）氩弧焊的起弧高压中伴有高频，其对整机电路会产生严重的干扰，要求电路有很好的抗干扰能力。

案例82　大型底盘焊钳

1. 案例说明

大型底盘焊钳主要应用在那些位于工件中间部分焊点的点焊，例如车身的地板与大梁及地板与车架的加强横梁的焊接，整体结构如图6-20所示，主要由气缸1、吊挂组件2、钳臂3、电极臂4、电极5和变压器6等部件组成。大型底盘焊钳具有运动速度快，可靠性好，安全性高，定位准确等优点。

2. 工作原理

大型底盘焊钳的钳臂3伸出的端部设有与顶端正对的一对电极，气缸和与其连接的钳臂控制两个电极的分开和闭合。焊接时由于电极5处通过高电压、大电流，因此将金属瞬间熔化，从而将部件焊接到一起。

3. 主要机构介绍

电极如图6-21所示，大型底盘焊钳工作时，待焊接的产品置于两个电极中间。

大型底盘焊钳运动结构如图6-22所示，由气缸1控制两只钳臂的开合。

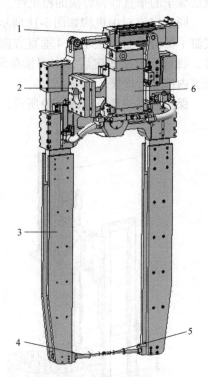

图6-20　大型底盘焊钳
1—气缸　2—吊挂组件　3—钳臂　4—电极臂
5—电极　6—变压器

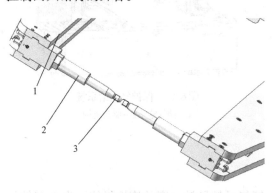

图6-21　电极
1—钳臂　2—电极臂　3—电极

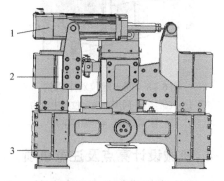

图6-22　运动结构
1—气缸　2—吊挂组件　3—钳臂

4. 机械设计亮点

1）电极部分：电极是大型底盘焊钳中一个重要组成部分，电极质量的好坏，直接影响到焊接过程、生产效率及焊接质量。电极部分由电极帽、电极接杆、电极接头组成。

2）钳体部分：钳体是连接焊钳上、下电极臂及传递气缸压力的本体，钳体一般由上钳体、下钳体及铰链轴等零件组成，上、下电极臂分别被固定在上下钳体中，通过上、下钳体绕铰链轴转动而产生相对运动，并运用杠杆原理，使气缸作用在上、下电极臂上的力传递到上、下电极，从而产生焊接压力。

3）气缸组件：气缸是焊钳焊接压力产生的动能装置，气缸通过固定套、铰链板及连接板与上、下电极臂相连，并通过电极臂与钳体构成的杠杆机构把压力通过电极施加到工件上，从而满足点焊时的压力要求。

4）吊挂组件：吊环主要用于平衡焊钳。焊钳通过吊环连接在平衡器上，通过平衡器的作用，抵消焊钳的自重，仿佛焊钳处于失重状态。操作人员操作时，就不必费力去克服焊钳的自重，可以很轻松地把焊钳移到焊接位置进行点焊操作。

案例83　大型转载机变位焊接机

1. 案例说明

大型转载机变位焊接机适用于大型管件的埋弧焊焊接，整体结构如图6-23所示，主要由转载槽体1、L形变位机壳体2、水平旋转变位组件3、升降机支架4、平台行走机构5、滚轮组件6等部件组成，水平旋转变位组件3包括旋转的变位工件托架、旋转支撑和旋转电动机，滚轮组件包括滚轮和变位电动机。大型转载机变位焊接机具有结构简单，焊头对焊缝运动的跟随性好的优点。

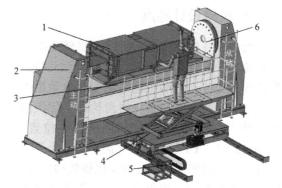

图6-23　大型转载机变位焊接机
1—转载槽体　2—L形变位机壳体　3—水平旋转变位组件
4—升降机支架　5—平台行走机构　6—滚轮组件

2. 工作原理

大型转载机变位焊接机采用重型行走机构位移，变位工件托架可以自由转位焊接。大型转载机变位焊接机驱动机构采用变频电动机提供驱动力，操作人员站在平台行走机构上进行焊接工作，将工件搭载在转载槽体上，转载槽体下方置有旋转支撑和旋转的变位工件托架，可在水平平面旋转。在旋转槽体的左右两边设置有滚轮组件，使工件能够绕旋转轴旋转，同时操作人员把控焊枪的焊接状态，从而达到大型管件无死角焊接的目的。

3. 主要机构介绍

L形变位机壳体组件如图6-24所示，组件底部设有多个支撑块，保证设备平稳运行，同时在壳体内部装配滚轮组件，滚轮1由滚轮电动机3进行驱动，使工件能够绕旋转轴旋转。

转载槽体及水平旋转变位组件如图6-25所示，水平旋转变位组件包括旋转的变位工件托架2和旋转支撑3，旋转支撑3下方装有电动机。工作时，工件置于转载槽体1内部，由操作人员控制，使工件在水平平面旋转。

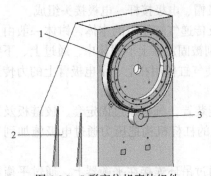

图6-24　L形变位机壳体组件
1—滚轮　2—L形变位机壳体　3—滚轮电动机

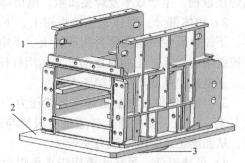

图6-25　转载槽体及水平旋转变位组件
1—转载槽体　2—变位工件托架　3—旋转支撑

升降机及平台行走机构如图6-26所示，操作人员可在升降台1上焊接工件，升降台1装有安全护栏6，防止操作人员意外跌落。升降机由升降机电动机5驱动，运用交叉机械结构，双脚收拢时平台上升，张开时下降。平台行走机构4由平台行走电动机3驱动，使升降机能够在水平方向位移。

4. 机械设计亮点

大型转载机变位焊接机通过旋转支撑支撑旋转工件托架，带着工件绕结构重心回转，实现焊接变位。驱动机构采用变频电动机提供驱动力，并至少包括一组齿轮副，焊头调整机构可"X、Y、Z"三向调整焊头位置，垂直平面内"XY"方向平动调整由基于平行四边形原理的连杆联动式焊头调整机构完成。由于工件托架绕结构重心回转，所需回转力矩和驱动功率大大减小。伺服驱动式和连杆

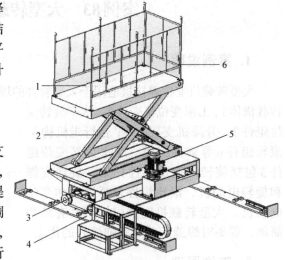

图6-26　升降机及平台行走机构
1—升降台　2—升降机支架　3—平台行走电动机
4—平台行走机构　5—升降机电动机　6—安全护栏

联动式焊头调整机构，结构简单，焊头对焊缝运动的跟随性好，始终保持焊枪和当前焊点处于船形焊接状态，特别适用于大型管件的自动埋弧焊焊接。

案例84　点　焊　机

1. 案例说明

点焊机是用于在两块搭接工件接触面之间形成焊点的设备，整体结构如图6-27所示，主要由气缸1、电极支架2、电极3、加压定位机构4、加压定位机构5和主体框架6组成。点焊

机具有加热时间短，工作变形与应力小，焊接成本低，生产效率高等特点，而且操作简单，易于实现机械化和自动化，在大批大量生产中，可以和其他制造工序一起编到组装线上进行作业。

2. 工作原理

点焊机工作时，先将焊件表面清理干净，装配准确后，送入加压定位机构施加压力，使工件表面接触良好，通电后电极下移，使两工件接触表面受热，局部熔化，形成熔核；断电后保持压力，使熔核在压力下冷却凝固形成焊点；去除压力，取出工件，完成点焊工作。

3. 主要机构介绍

焊接电极部分如图6-28所示，工作时，将清理干净后的工件置于加压定位机构4内，使用螺钉固定，尽可能使待焊接的工件贴合，工件固定后，为设备通电，控制气缸1运转，带动电极支架2下移，使待焊工件接触表面受热，局部熔化，形成熔核。

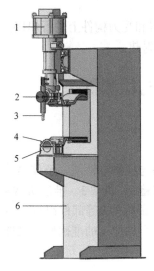

图6-27 点焊机

1—气缸 2—电极支架 3—电极
4、5—加压定位机构 6—主体框架

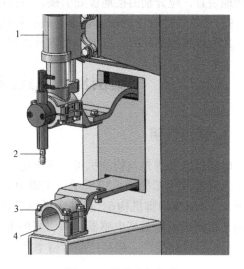

图6-28 焊接电极部分

1—气缸 2、3、4—加压定位机构

4. 机械设计亮点

点焊机采用双面双点过电流焊接的原理，工作时两个电极在工件上加压，使两层金属在两电极的压力下形成一定的接触电阻，而焊接电流从一个电极流经另一电极时在两接触电阻点形成瞬间的热熔接，且焊接电流瞬间从一个电极沿两工件流至另一电极形成回路，不会伤及被焊工件的内部结构。

5. 注意事项

1）钢焊件焊前需清除脏物、油污、氧化皮及铁锈，对热轧钢，最好把焊接处先经过酸洗、喷砂或用砂轮清除氧化皮。未经清理的工件虽能进行点焊，但是会严重地降低电极的使用寿命，同时降低点焊的生产效率和质量。

2）现场使用时，应设有防雨、防潮、防晒的机棚，并应装设相应的消防器材。

3）焊接现场10m范围内，不得堆放油类、木材、氧气瓶、乙炔发生器等易燃、易爆物品。

4）次级抽头联接铜板应压紧，接线柱应有垫圈。合闸前，应详细检查接线螺母、螺栓及其他部件并确认完好齐全、无松动或损坏。接线柱处均有保护罩。

5）使用前，应检查并确认初、次级线接线正确，输入电压符合电焊机的铭牌规定，知道点焊机焊接电流的种类和适用范围。接通电源后，严禁接触初级线路的带电部分。初、次级接线处必须装有防护罩。

6）移动点焊机时，应切断电源，不得用拖拉电缆的方法移动点焊机。当焊接中突然停电时，应立即切断电源。

7）焊接铜、铝、锌、锡、铅等非铁金属时，必须在通风良好的地方进行，焊接人员应戴防毒面具或呼吸滤清器。

8）多台点焊机集中使用时，应分接在三相电源网络上，使三相负载平衡。多台点焊机的接地装置，应分别由接地极处引接，不得串联。

9）严禁在运行中的压力管道、装有易燃易爆物的容器和受力构件上进行焊接。

10）焊接预热件时，应设挡板隔离预热工件发出的辐射热。

案例85　电感器自动焊锡与检测机

1. 案例说明

电感器自动焊锡与检测机可实现电感器零件自动焊锡与检测电性能，整体结构如图6-29所示，局部放大图如图6-30所示，主要由显示屏1、冷却箱2、机架3、推进机构4、电感器夹板5、自动整切脚机构6、自动锡钎焊机构7和电感器测试机构8等部件组成。电感器自动焊锡与检测机既能提高电感器线圈引脚的加工精度，保证产品加工的准确性，又能实现电感器产品的自动化生产，提高产品合格率和生产效率。

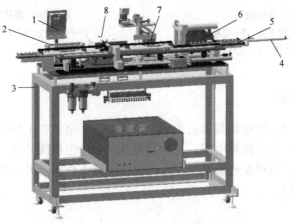

图6-29　电感器自动焊锡与检测机

1—显示屏　2—冷却箱　3—机架　4—推进机构　5—电感器夹板
6—自动整切脚机构　7—自动锡钎焊机构　8—电感器测试机构

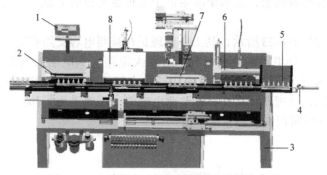

图6-30 电感器自动焊锡与检测机局部放大图

1—显示屏 2—冷却箱 3—机架 4—推进机构 5—电感器夹板
6—自动整切脚机构 7—自动锡钎焊机构 8—电感器测试机构

2. 工作原理

待焊锡的工件搭载在电感器夹板上，当电感器自动焊锡与检测机工作时，电感器夹板从上料机构导入送料机构，由自动整切脚机构对工件进行初加工，除去工件引脚表面的氧化层之后将工件传送至自动锡钎焊机构，此时机器人自动蘸取锡液并精准定位于电感器夹板的上方，对工件引脚进行锡钎焊作业。锡钎焊完成后将电感器夹板传送至电感器测试机构进行检测，检测数据可通过显示屏查看，筛选出锡焊不合格的产品。测试完成后，由电感器夹板输送至冷却箱中冷却，待工件表面冷却后从出料口输出。同时电感器夹板的内部中空结构可容纳多组电感器，可以整体替换，使得焊锡效率得以提高。检测合格后输出工件，完成自动锡钎焊及电感器检测全部作业。

3. 主要机构介绍

自动整切脚机构如图6-31所示，工作时，电感器夹板1由推进机构运输至自动整切脚机构并停止，自动整切脚机构起动，6块磨脚机构通过振动打磨引脚表面，除去工件引脚表面的氧化层。

自动锡钎焊机构如图6-32所示，当推进机构将工件运输至自动锡钎焊机构，此时机器人

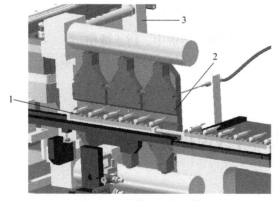

图6-31 自动整切脚机构

1—电感器夹板 2—磨脚机构 3—安装支架

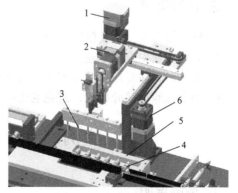

图6-32 自动锡钎焊机构

1、2、6—电动机 3—焊针 4—电感器夹板 5—焊锡液槽

起动，控制焊针下移蘸取锡液，之后精准定位于电感器夹板的上方，对工件引脚进行锡钎焊作业。

电感器测试机构如图6-33所示，其工作原理是在被测电容支路有对被测电容的电压、电流取样的取样电路，取样电路的输出端分别接放大电路，从电压放大电路输出的电压信号和从电流放大电路输出的电流信号通过鉴相器输出相位差信号，与电压信号和电流信号通过A/D转换器后，输入处理器计算而得到被测电容值。因为采用了移动的电流取样单元，而使得无须拆除连接线就可以直接测量电容值。

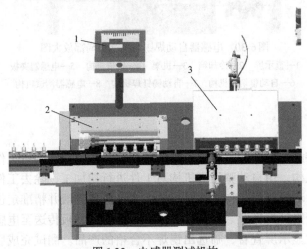

图6-33 电感器测试机构
1—显示屏 2—冷却箱 3—电感器测试机构

4. 机械设计亮点

目前，电感器在制造过程中，其线圈的抽头与引出线之间的焊接均是采用人工将电感器浸入焊锡炉内进行浸焊，这样的操作方式操作工人劳动强度大，且焊接质量难以得到保证，同时效率较低。电感器自动焊锡与检测机通过自动锡钎焊机构将引脚落入锡钎炉的锡液中，完成自动焊锡，同时电感器夹板的内部中空结构可容纳多组电感器，可以整体替换，使得焊锡效率得以提高，降低了操作工人的劳动强度。

5. 注意事项

1）操作过程中，不要触碰锡炉，不要让水或油渍物掉入锡炉中，防止烫伤。
2）焊接作业中应保证通风，防止空气污染，作业人员应穿好工作服，戴好口罩。
3）换锡时，注意操作员工安全，避免烫伤。
4）经常检验加热处导线，避免老化漏电。

案例86 对式入料导线焊接机

1. 案例说明

对式入料导线焊接机适用于导线间的焊接，整体结构如图6-34所示，局部放大图如图6-

35所示，主要由振动输送机1、焊接机构2、导线输送机构3、送丝机构4、电动机5、机架6、回收箱7和置物架8（图6-35中未显示）等部件组成。对式入料导线焊接机由左右两侧相互对称的机构组成，由多个凸轮驱动，能够极大地提高生产效率，降低成本。

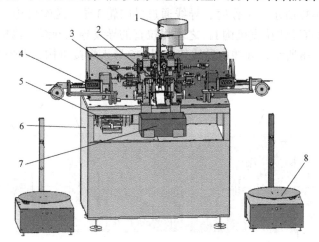

图6-34 对式入料导线焊接机

1—振动输送机 2—焊接机构 3—导线输送机构 4—送丝机构 5—电动机 6—机架 7—回收箱 8—置物架

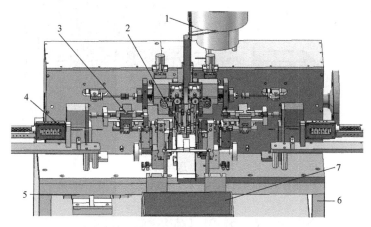

图6-35 对式入料导线焊接机局部放大图

1—振动输送机 2—焊接机构 3—导线输送机构 4—送丝机构 5—电动机 6—机架 7—回收箱

2. 工作原理

导线原材料置于置物架上，对式入料导线焊接机工作时，由振动输送机将助焊剂导入焊接机构，导线通过送丝机构将导线送入导线传输机构，经过导线输送机构的绕线轮后将导线插入焊接机构中进行焊接。焊接完成后，通过凸轮组的不断驱动，将焊接好的导线导入回收箱中，完成导线的焊接作业。

3. 主要机构介绍

凸轮组如图6-36所示，由电动机通过带轮4带动运转，凸轮组的水平位移导向凸轮3和水平位移导向凸轮5用于控制对式入料导线焊接机两侧焊接机构的水平位移，传输位移导向凸轮2和传输位移导向凸轮6用于控制导线输送机构，凸轮1和凸轮7用于控制焊接机构的垂直位移。对式入料导线焊接机通过凸轮曲线的优化设计，将多个机构整合为一体，极大地降低了生产成本。

送丝机构如图6-37所示，工作时，导线通过导向轮3导入送丝机构，导线分别通过水平导线拉直机构2和垂直导线拉直机构1，之后将拉直的导线导入导线传输机构。

焊接机构如图6-38所示，导线由导线传输机构2导入焊接机构，助焊剂由振动输送机导

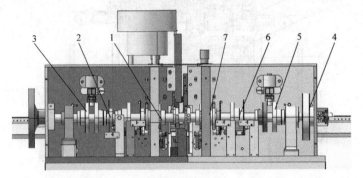

图6-36　凸轮组

1、7—垂直位移导向凸轮　3、5—水平位移导向凸轮　2、6—传输位移导向凸轮　4—带轮

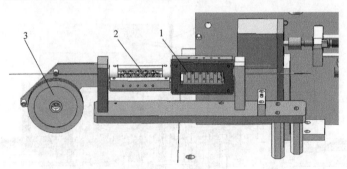

图6-37　送丝机构

1—垂直导线拉直机构　2—水平导线拉直机构　3—导向轮

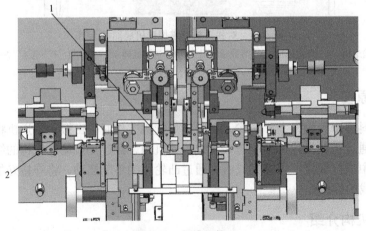

图6-38　焊接机构

1—焊接机构　2—导线传输机构

入。工作时，由凸轮组控制焊接机构左右两侧的焊接机构1对接并通电焊接，完成导线的焊接作业。

4. 机械设计亮点及注意事项

1）对式入料导线焊接机由左右两侧相互对称的机构组成，由多个凸轮驱动，能够极大地提高生产效率，降低成本。

2）焊机温升不应超过A级60℃、B级80℃，否则应停机降温后再进行施焊。

3）焊接时如发现自动停电装置失效，应立即停机断电检修。

4）焊接机工作现场应保持干燥，通风良好。移动设备时，应切断电源，不得用拖拉电源的方法移动电焊机。如焊接中突然停电，应切断电源。

5）在焊接中，不允许调节电流。必须在停焊时，使用调节手柄调节，不得过快、过猛，以免损坏调节器。

6）清除焊缝焊渣时，要带上眼镜。注意头部避开焊渣飞溅的方向，以免造成伤害。不能对着在场人员敲打焊渣。

案例87　机器人自动焊接机

1. 案例说明

机器人自动焊接机适用于电子产品的批量自动焊接工作，整体结构如图6-39所示，主要由检测机构1、五轴机器人2、机架3、推车4、定位机构5、焊接机构6和电控箱7等部件构组成。机器人自动焊接机具有高度自动化、焊接效率高等优点。

2. 工作原理

机器人自动焊接机工作时，使用推车将储气罐搬运至合适位置，连接焊接机构与储气罐。将待焊接工件置于焊接机构中，调节定位机构，使待焊接的工件紧密贴合，控制箱控制焊接机构对工件进行焊接，焊接完成后，五轴机器人夹取工件至检测机构进行检测，将检测合格的工件搬运至下一工序。

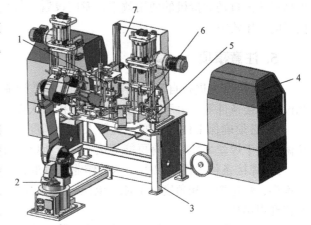

图6-39　机器人自动焊接机
1—检测机构　2—五轴机器人　3—机架　4—推车
5—定位机构　6—焊接机构　7—电控箱

3. 主要机构介绍

五轴机器人如图6-40所示，由伺服电动机1驱动控制，用于抓取产品进行焊接作业，并将焊接完成的产品搬运至货架或者下一工序。

定位机构及焊接机构如图6-41所示，机器人自动焊接机工作时，五轴机器人抓取产品置于定位机构的底座2上，伺服电动机4起动，带动上模1下压，将待焊接的产品定位并紧紧贴合。产品完成定位后，焊接机构3的氩弧焊机对产品进行焊接作业。

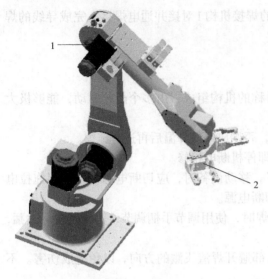

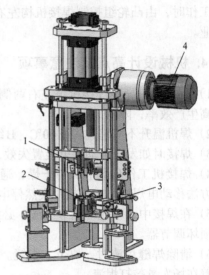

图6-40　五轴机器人
1—伺服电动机　2—机械手

图6-41　定位机构及焊接机构
1—上模　2—底座　3—焊接机构　4—伺服电动机

4. 机械设计亮点

工业机器人是一种多用途的、可重复编程的自动控制操作机，具有多个可编程的轴，用于工业自动化领域。机器人自动焊接机具有高度自动化、焊接效率极高的优点，同时，为了提高机器人自动焊接机的使用效率，专门设置了气罐运送推车，极大地提高了机器人自动焊接机的工作效率。

5. 注意事项

1）在机器人进行自动焊接前必须进行示教作业，操作人员必须示教机器人焊枪的轨迹和设定焊接条件等。由于必须示教，所以机器人焊接不面向多品种少量生产的产品焊接。

2）必须确保工件的精度。机器人轨迹精度为±0.01mm，以此精度重复相同的动作。焊接偏差大于焊丝半径时，有可能焊接不好，所以工件精度应保持在焊丝半径之内。

3）焊接条件的设定取决于示教作业人员的技术水平。操作人员进行示教时必须输入焊接程序，焊枪姿态和角度，电流、电压、速度等焊接条件。示教操作人员必须充分掌握焊接知识和焊接技巧。

4）必须充分注意安全。机器人是一种高速的运动设备，在其进行自动运行时不允许人靠近机器人（必须设置安全护栏）。操作人员必须接受劳动安全方面的专门教育，否则不准操作。

案例88　精巧热熔机

1. 案例说明

精巧热熔机适用于塑料产品的热熔焊接，整体结构如图6-42所示，主要由气缸1、加热器升降机构2、热熔装置3、热熔基座4、机架5和人机操作界面6等部件组成。精巧热熔机具有操作简单精确、加工效率高等优点。

2. 工作原理

精巧热熔机将多个加热头固定在加热器上，加热器的位移由加热器升降机构推动，使产品被加热部位表面同加热器发热面接触面，使其表面熔融，然后将加热后的表面迅速黏合，固化成为一体。精巧热熔机能够准确控制温度变化，配合机械装置来达到产品熔接，特别适合不易熔接、形状不规则、较大型的产品，应用于塑胶熔接、埋植螺母、铆接等产品的热熔焊接。

3. 主要机构介绍

热熔装置如图6-43所示，由气缸驱动下压并加热产品端面。

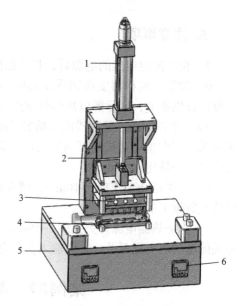

图6-42 精巧热熔机

1—气缸 2—加热器升降机构 3—热熔装置
4—热熔基座 5—机架 6—人机操作界面

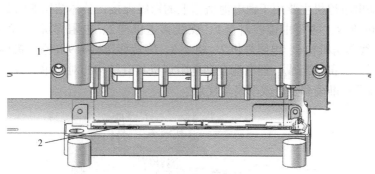

图6-43 热熔装置

1—热熔装置 2—热熔基座

加热器升降机构如图6-44所示，由气缸1控制热熔装置3的升降。

4. 机械设计亮点

1）具有电子缓动和电子限位，适用于埋植、铆接等多种热熔方式。

2）油压缓冲器与缓冲电路相结合，运行十分平稳。

3）适合校大型物件加工和多点同时熔接。

4）采用多段发热管与进口温控系统，控温准确可靠。

5）采用静电喷涂和镀硬铬等多种表面处理方法，外观美观、经久耐用。

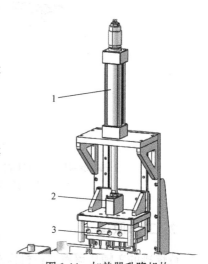

图6-44 加热器升降机构

1—气缸 2—加热器升降机构 3—热熔装置

5. 注意事项

1）接入额定电压的电源后，打开加热器电源开关，加热器电源指示灯随即亮起。

2）调整蓄胶槽温度控制器在130~140℃，涂胶辊温度控制器在140~150℃之间即可，以上温度仅供参考，实际要以热熔胶熔点为准，至此即完成热熔胶机加热器预热程序。

3）预热30min，蓄胶槽内热熔胶已融化后，电动机起动指示灯已亮，即可打开电动机电源开关，再调整电动机速度调整旋钮，调至所需工作速度即可。如果电动机未能转动，请等热熔胶完全融化再起动。

4）关机停止工作前5~10min，请先行关闭加热器电源开关，使胶辊及蓄胶槽温度降低，以防止胶辊上的热熔胶炭化。

5）当加热器电源开关关闭5~10min，温度降低后，即可将电动机速度调整钮归零，并随即关闭电动机电源开关，关闭输入机台电源即可完成关机程序。

案例89　锂电池自动电阻焊机

1. 案例说明

锂电池自动电阻焊机主要用于锂电池盖帽上的镍线焊接，整体结构如图6-45所示，局部放大图如图6-46所示，主要由镍线料盘1、镍线移送机构2、电阻焊机3、盖帽进料机构4、镍线料盘5、镍线移送机构6、电阻焊机7、机架8、旋转移送机构9和输送机构10（2和10在图6-45中未显示）等部件组成。锂电池自动电阻焊机具有结构相对简单、找正效果好、盖帽传送均匀、镍线移送准确和生产效率高等优点。

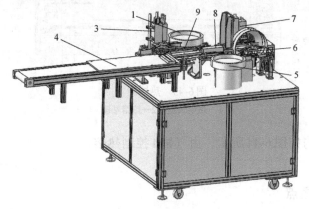

图6-45　锂电池自动电阻焊机
1—镍线料盘　3—电阻焊机　4—盖帽进料机构　5—镍线料盘　6—镍线移送机构
7—电阻焊机　8—旋转移送机构　9—输送机构

2. 工作原理

待焊接的盖帽从盖帽进料机构输入设备，待焊接的镍线由镍线料盘输入。锂电池自动电阻焊机工作时，按下起动按钮起动设备电源，盖帽进料机构中的盖帽由推送机构输入移送轨

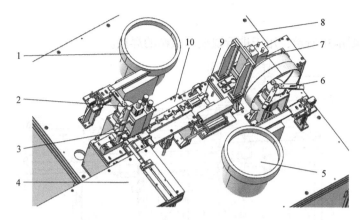

图6-46　锂电池自动电阻焊机局部放大图

1—镍线料盘　2—镍线移送机构　3—电阻焊机　4—盖帽进料机构　5—镍线料盘
6—镍线移送机构　7—电阻焊机　8—机架　9—旋转移送机构　10—输送机构

道，由输送机构将盖帽沿传送轨道运送至电阻焊机的下方；镍线从镍线料盘下料，经过切断后经镍线移送机构移送至盖帽的顶部中间，此时起动电阻焊机进行镍线、盖帽的焊接，焊接上镍线的盖帽经输送机构运输至旋转移送机构，由电阻焊机对锂电池反面进行电阻焊作业，完成锂电池自动电阻焊全过程。整个过程全自动完成，自动化程度高，生产效率高，而且盖帽以及镍线的传送均匀、准确。

3. 主要机构介绍

镍线料盘及镍线移送机构如图6-47所示，镍线从镍线料盘1下料，由切断气缸3驱动切刀2前后运动切断镍线，经过切断后镍线的经镍线移送机构4移送至盖帽的顶部中间，由电阻焊机5焊接镍线和锂电池。

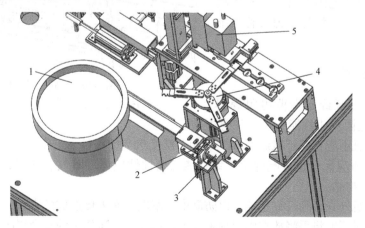

图6-47　镍线料盘及镍线移送机构

1—镍线料盘　2—切刀　3—切断气缸　4—镍线移送机构　5—电阻焊机

输送机构如图6-48所示，由气缸3驱动，不断将锂电池移送至下一工序。由气缸4驱动固定锂电池，保证电阻焊时锂电池不会弹出电池底座5。

旋转移送机构如图6-49所示，由气缸3驱动夹具1夹取电池从移送轨道2转移至移送轨道4并进行翻转。

电阻焊机如图6-50所示，用于进行镍线、盖帽的焊接。

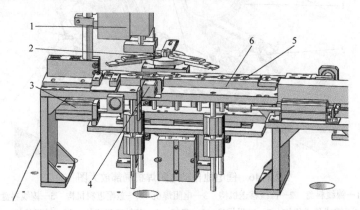

图6-48 输送机构

1—镍线料盘 2—镍线移送机构 3、4—气缸 5—电池底座 6—移送轨道

4. 机械设计亮点

锂电池盖帽上的镍线焊接一般都是由手工控制的半自动设备完成，其焊接效率和焊接质量取决于操作者的技能和熟练程度，焊接效率低，焊接质量难以保证。通过对锂电池自动电阻焊机运输系统的结构优化，设计了一种结构相对简单的锂电池自动电阻焊机，具有运输效果较好、盖帽传送均匀、镍线移送准确等优点。

5. 注意事项

1）操作者必须经过专业电阻焊焊接培训，熟悉电阻焊机性能与使用注意事项。

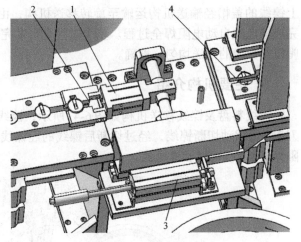

图6-49 旋转移送机构

1—夹具 2、4—移送轨道 3—气缸

2）电阻焊机不应在高于境温度40℃、相对湿度90%的条件下工作。

3）工作场所应无严重影响焊机绝缘性能的腐蚀性气体（蒸气、盐雾、霉菌、灰尘等）和易燃、易爆等物品。

4）电阻焊机外壳必须可靠接地，以防静电、漏电等对人体造成危害。

5）电阻焊时不准将手将放在电阻焊触头上，以免发生压伤手的安全事故。

6）电阻焊时工件焊接区要平放在电阻焊触头上，使之接触良好，以免因工件与触头接触不良而产生火花向四周飞溅伤人。

7）当机器发生故障时应立即切断电源，并通知有关维修人员进行检修，排除故障后方可继续开机。

8）不要在电阻焊机通电的情况下离开，必须做到人离机停。

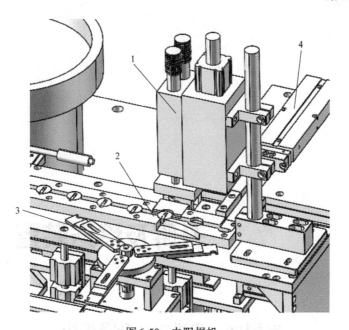

图6-50　电阻焊机

1—电阻焊机　2—移送轨道　3—镍线移送机构　4—推送机构

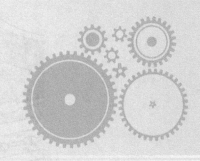

第 7 章

升降及移送装置

案例90　步进驱动升降机构

1. 案例说明

步进驱动升降机构用于在工厂、自动仓库等物流系统中进行垂直输送，升降平台上可装载各种平面输送设备，作为不同高度输送线的连接装置，整体结构如图7-1所示，主要由升降台1、提升架2、升降控制机构3和底座4组成。步进驱动升降机构具有操作简单、结构牢固、升降平稳、载重量大等优点。

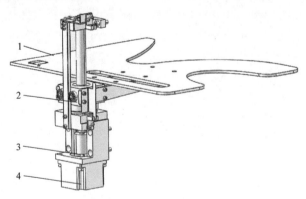

图7-1　步进驱动升降机构
1—升降台　2—提升架　3—升降控制机构　4—底座

2. 工作原理

步进驱动升降机构在实际使用时，将底座固定在水平面上，升降控制机构控制提升架上升或下降，使得升降平台达到不同的高度，满足使用要求。步进式升降机构的支撑臂的数量相对于现有的剪叉式结构的升降平台的支杆数量少，使得整体结构更紧凑，减少了占用空间，降低了生产成本，且能够实现更高的提升高度。

3. 主要机构介绍

升降控制机构如图7-2所示，由步进电动机2提供动力通过升降控制机构对提升架1的升降进行控制，单个提升架1升降时其余提升架1可以保持不动，一步一步使步进式升降机构上升或下降，既减少了整体占用的空间，又降低了生产成本。

4. 机械设计亮点

步进驱动升降机构可以设置多个提升架和升降控制机构，通过升降控制机构对提升架的升降进行控制。单个提升架升降时其余提升架可以保持不动，一步一步使步进式升降机构上升或下降，减少整体所占用的空间，降低了生产成本。可以根据高度需要增加或减少提升架的数量，减少提升架的堆叠空间，简化结构。

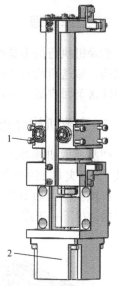

图7-2　升降控制机构
1—提升架　2—步进电动机

案例91　拆 垛 机

1. 案例说明

拆垛机是一种将不同包装形式（如袋装、箱装）的物品，由存储地点的堆垛上拆卸下来，进行装车或直接上料加工的自动化拆垛设备，整体结构如图7-3所示，主要由机架1、操作台2、回收架3、电气控制箱4、产品架5、输送机构6、产品搬运机构7、拆垛机器人8和产品抓取机构9等组成。拆垛机用于替代人工从事拆垛、搬运或上料等作业，实现生产的机械化和自动化，使人们从简单、繁重、重复的劳动和危险、有毒、有害的环境中解放出来，实现安全生产。

图7-3　拆垛机
1—机架　2—操作台　3—回收架　4—电气控制箱　5—产品架
6—输送机构　7—产品搬运机构　8—拆垛机器人　9—产品抓取机构

2. 工作原理

拆垛机执行的多是抓放操作，产品从产品架输入拆垛机，由产品抓取机构搬运产品至输送机构，输送机构将产品运输至拆垛机器人的下方，由拆垛机器人将产品取出，空的产品托盘则输送至回收架，一直循环完成拆垛作业。

3. 主要机构介绍

产品抓取机构如图7-4所示，由伺服电动机驱动控制夹具2在水平面内的横向移动，由气缸1控制夹具2的开合，不断地将产品架3上的托盘运送至输送机构。

拆垛机器人如图7-5所示，可用吸嘴1吸取产品，旋转后将产品搬运至托盘3，由产品搬运机构送往下一工序。

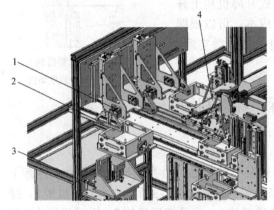

图7-4　产品抓取机构
1—气缸　2—夹具　3—产品架　4—拆垛机器人

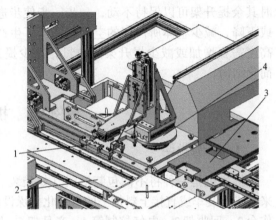

图7-5　拆垛机器人
1—吸嘴　2—输送机构　3—托盘　4—旋转轴

产品搬运机构如图7-6所示，由伺服电动机驱动控制夹具2在水平面内的横向移动，不断地将托盘上的产品运送至平带1。

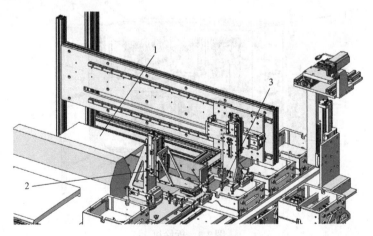

图7-6　产品搬运机构
1—平带　2—夹具　3—拆垛机器人

4. 机械设计亮点

拆垛机可按照要求的编组方式和层数，完成对料袋、胶块、箱体等各种产品的拆垛，减少劳动人员和降低劳动强度，是现代工业发展的高科技产物，对提高生产率、降低成本有着重要意义。自动拆垛机适合包装箱、包装袋、电器、板材、瓷砖等产品的自动拆垛。通过更换机械手的抓手即可完成对不同货物的拆垛，相对降低了客户的购买成本。拆垛机主要有以下优点：

1）结构简单、零部件少，零部件的故障率低、性能可靠、保养维修简单、所需库存零部件少。

2）占地面积小，有利于客户厂房中生产线的布置，并可留出较大的库房面积。

3）适用性强。当客户产品的尺寸、体积、形状及托盘的外形尺寸发生变化时，只需在触摸屏上稍做修改即可，不会影响客户正常的生产。

4）能耗低，大大降低了客户的运行成本。

5）全部控制在控制柜触摸屏上操作即可，操作非常简单。

6）只需定位抓起点和摆放点，示教方法简单易懂。

案例92 车床送料机械手

1. 案例说明

车床送料机械手是一种模仿人体上肢的部分功能，按照预定要求输送工件或握持工具进行操作的自动化技术设备，对实现工业生产自动化，推动工业生产发展起着重要作用，整体结构如图7-7所示，主要由移送机构1、控制器2、机架3、机械手体4、伺服电动机5和报警灯6等部件组成。车床送料机械手可以代替人手进行繁重劳动，显著减轻工人的劳动强度，改善劳动条件，提高劳动生产率和自动化水平。此外，它能在高温、低温、深水、放射性和

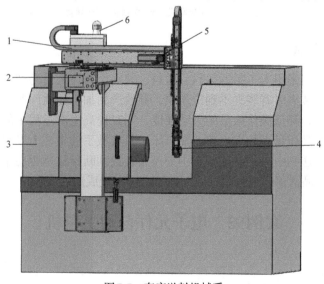

图7-7 车床送料机械手

1—移送机构 2—控制器 3—机架 4—机械手体 5—伺服电动机 6—报警灯

其他有毒、污染环境条件下进行操作，更显示出其优越性，因此，车床送料机械手有着广阔的发展前途。

2. 工作原理

车床送料机械手的主要工作原理为模拟人工上料，由控制器和机械手体配合进行作业，当料框装满后车床送料机械手便自动过来取料，由机械手体夹取产品并上料。

3. 主要机构介绍

机械手体如图7-8所示，主要由气缸3和气缸4控制机械手的开合。

移送机构如图7-9所示，由伺服电动机1和伺服电动机2控制机械手在水平面内的位移，由伺服电动机4控制机械手垂直方向上的位移。

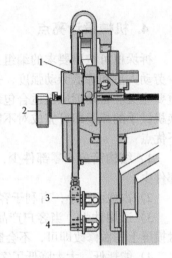

图7-8　机械手体
1—移送机构　2—控制器　3、4—气缸

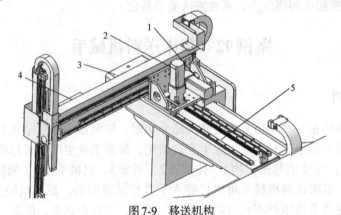

图7-9　移送机构
1、2、4—伺服电动机　3—控制器　5—导轨

4. 机械设计亮点

现有数控车床一般采用人工手动取料、送料、装夹，操作人员易产生疲劳感，且手动装夹产品效率低，人工装夹时有装夹不到位现象，导致产品加工品质问题发生。车床送料机械手通过机械自动送料，降低操作人员的劳动强度，同时提高生产过程中的送料速度，提高了生产率，并降低了产品质量事故发生率。在车床送料机械手的指柱上设有压力感应器，能够将指柱受到的压力传递到中央控制装置，中央控制装置判断指柱是否夹紧产品，避免指柱之间的压力过小导致产品滑落，或者指柱之间的压力过大造成产品损坏。

案例93　电子元件自动上料机

1. 案例说明

电子元件自动上料机整体结构如图7-10所示，主要由送料机构1、显示屏2、底座3、推料机构4、产品架5等部件组成。电子元件自动上料机通过产品架可以一次将多个电子元件放在自动上料机中上料，从而提高上料效率。

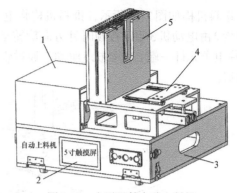

图7-10 电子元件自动上料机

1—送料机构 2—显示屏 3—底座 4—推料机构 5—产品架

2. 工作原理

电子元件自动上料机工作时，操作人员通过人机界面设置参数并将电子元件整齐排列于产品架中，推料机构将电子元件由产品架推至送料机构，在送料机构中设有旋转输料机构和输送机构，输送机构将电子元件批量送入下一工序，从而完成多个电子元件自动上料作业。

3. 主要机构介绍

产品架如图7-11所示，电子元件1整齐排列于产品架2之中。

推料机构如图7-12所示，电子元件自动上料机工作时，推料机构由气缸4驱动，推板2将产品架1底部的电子元件推送至旋转输料机构5，挡板3用于防止推料过远造成意外。

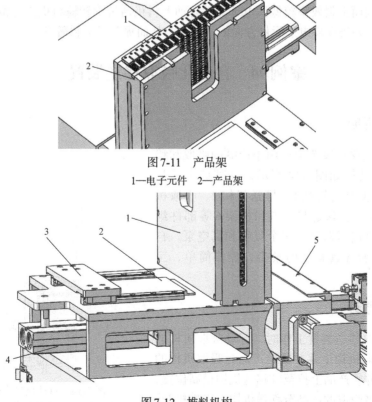

图7-11 产品架

1—电子元件 2—产品架

图7-12 推料机构

1—产品架 2—推板 3—挡板 4—气缸 5—旋转输料机构

送料机构如图7-13所示，推料机构将电子元件推送至旋转输料机构2的卡槽中，旋转输料机构2由电动机3驱动按顺时针方向旋转至与出料口4对接，此时气缸7控制横向推动机构8抵住电子元件一端，电动机5驱动，通过带轮6控制推动机构8横向移动，将电子元件送出出料口。

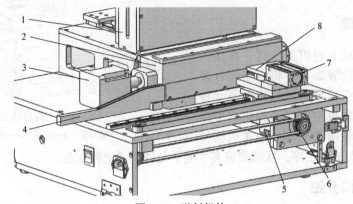

图7-13 送料机构

1—产品架 2—旋转输料机构 3、5—电动机 4—出料口 6—带轮 7—气缸 8—推动机构

4. 机械设计亮点

目前已有的自动上料机一次只能针对一个料盘上料，而无法一次将多个产品放在自动上料机中上料，因而上料效率较低。电子元件自动上料机通过旋转输料机构将整列的电子元件运送出产品架，并且保持电子元件方向的一致性，从而提高了上料效率。

案例94 自动化吸取移送装置

1. 案例说明

自动化吸取移送装置主要用于产品的吸取和移送作业，整体结构如图7-14所示，局部放大图如图7-15所示，主要由气缸1、推送机构2、吸取机构3、输送轨道4、移送机构5和机架6等部件组成，吸取机构3包括框架、三个吸嘴和真空泵。自动化吸取移送装置具有结构紧凑，操作简单，工作可靠等优点。

2. 工作原理

自动化吸取移送装置工作时，起动吸取机构的气缸，带动吸取机构下移并紧贴产品，吸取机构的吸嘴吸取产品并将产品上拉至较移送机构稍高位置，推送机构推送被吸取的产品至移送机构，吸嘴松开，移送机构将产品送至下一工序。

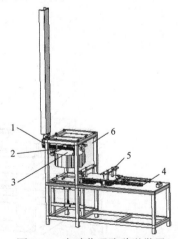

图7-14 自动化吸取移送装置

1—气缸 2—推送机构 3—吸取机构
4—输送轨道 5—移送机构 6—机架

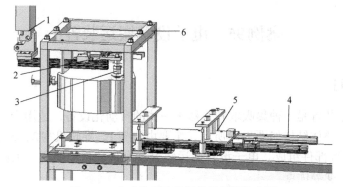

图7-15 自动化吸取移送装置局部放大图

1—气缸 2—推送机构 3—吸取机构 4—输送轨道 5—移送机构 6—机架

3. 主要机构介绍

吸取机构和推送机构如图7-16所示，主要由框架2、三个吸嘴3和真空泵4组成。吸取机构工作时，吸嘴3紧贴产品表面，由真空泵4将吸嘴3内部空气抽空，使吸嘴3能够牢牢吸住产品。推送机构5由气缸6驱动控制，将产品推送至移送机构。

移送机构如图7-17所示，产品由推送机构推送至移送机构1，移送机构1由伺服电动机3驱动控制，将产品沿着输送轨道2移送至下一工序。

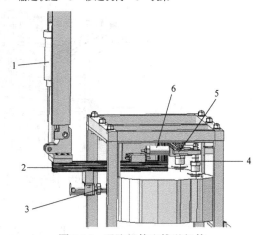

图7-16 吸取机构和推送机构

1、6—气缸 2—框架 3—吸嘴 4—真空泵 5—推送机构

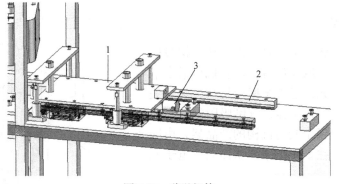

图7-17 移送机构

1—移送机构 2—输送轨道 3—伺服电动机

4. 机械设计亮点

自动化吸取移送装置使用三个吸嘴吸取产品，分别设置于产品上方和侧面，可以有效保持产品移送过程中的稳定性，相对于其他机械搬运方式，真空吸嘴能在不伤害产品或原材料的前提下完成整个运送过程。

案例95 电子设备搬运装置

1. 案例说明

电子设备搬运装置是一种集吸取和搬移于一体的自动化设备，适用于多种片状、球型金属或非金属工件，整体结构如图7-18所示，主要由机架1、导轨机构2、输送机构3、搬运机构4和取料机构5等部件组成。电子设备搬运装置具有自动化程度高，工作效率高，可以有效降低人工劳动强度等优点。

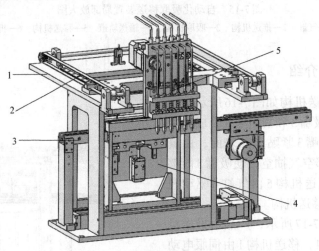

图7-18 电子设备搬运装置

1—机架 2—导轨机构 3—输送机构 4—搬运机构 5—取料机构

2. 工作原理

电子设备搬运装置工作时，由取料机构吸取需要搬运的工件，拾取元件后，取料机构沿水平导轨运动，将电子元件送至搬运机构，然后关闭取料机构上的真空发生器，气嘴吸附端的吸力消失，将电子元件置于搬运机构的产品架，由同步带将搬运机构送往下一工序，从而完成电子元件的自动化搬运。

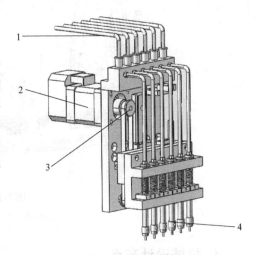

图7-19 取料机构

1—真空发生器 2—伺服电动机 3—带轮 4—吸嘴

3. 主要机构介绍

取料机构如图7-19所示，取料机构工作时，伺服电动机2驱动，通过带轮3带动真空发生器1运转，由吸嘴4吸取需要搬运的工件。

导轨机构如图7-20所示，由伺服电动机4驱动，通过带轮3控制取料机构1沿着导轨2水平位移。

搬运机构如图7-21所示,取料机构吸取电子元件并将其置于产品架1上,伺服电动机4和伺服电动机3起动,控制产品架沿着同步带2横向运动。

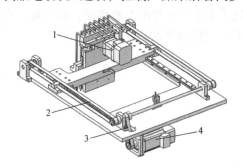

图7-20　导轨机构

1—取料机构　2—导轨　3—带轮　4—伺服电动机

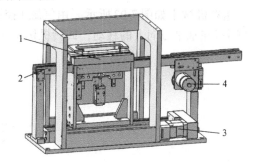

图7-21　搬运机构

1—产品架　2—同步带　3、4—伺服电动机

4. 机械设计亮点

目前,电子企业和精密仪器制造中许多金属和非金属类小型工件需要工序间搬移,由于大多不易拿取且由人工手动来完成工作强度很大,要想提高生产率和减轻工人劳动强度,用自动化生产来替代人工手工操作势在必行。电子设备搬运装置就是集吸取和搬移于一体的自动化设备,该设备适用于多种片状、球型金属或非金属工件,通过取料机构与驱动机构相配合,实现吸附物料后进行平移,能够代替人工搬运物料,特别是代替人工搬运不易拿取的精密物料,极大地提高了生产率。

案例96　压力机送料机械手

1. 案例说明

压力机送料机械手主要应用于压力机的送料作业,整体结构如图7-22所示,主要由回转机构1、旋转机构2、升降调节机构3、机架4和送料机械手5等组成。压力机送料机械手可以和压力机等设备搭配使用,具有生产效率高、成本较低、产品质量高的优点。

2. 工作原理

压力机送料机械手操作时,升降调节机构调节送料机械手到指定工作高度,起动压力机送料机械手,送料机械手抓取产品送至冲切模具上冲切,冲切后,送料机械手再次抓取产品,通过旋转机构送至下料导轨机构的下料载具上,手工整叠下料。

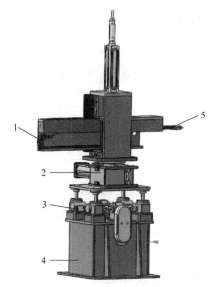

图7-22　压力机送料机械手

1—回转机构　2—旋转机构　3—升降调节机构

4—机架　5—送料机械手

3. 主要机构介绍

送料机械手如图7-23所示，由气缸1控制机械手4在垂直方向上的移动，由气缸2控制机械手4在水平方向上的移动，回转机构3用于提高送料机械手的稳定性和精确性。

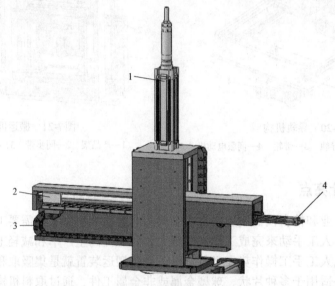

图7-23 送料机械手
1、2—气缸 3—回转机构 4—机械手

旋转机构如图7-24所示，由气缸1驱动，气缸1与齿条3相固定，旋转机构工作时，气缸1推动齿条3做横向运动，带动齿轮2旋转，从而带动送料机械手绕中心轴旋转运动。

升降调节机构如图7-25所示，由气缸2驱动控制升降调节机构内部的压力，从而控制工作台1的高度。

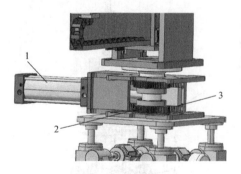

图7-24 旋转机构
1—气缸 2—齿轮 3—齿条

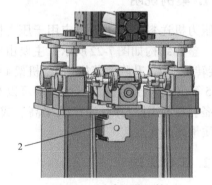

图7-25 升降调节机构
1—工作台 2—气缸

4. 机械设计亮点

1）主要驱动由高性能伺服电动机来实现。

2）可实现快速定位、升降、移动等动作。

3）采用特殊设计的横向平移结构和辅助升降结构。

5. 注意事项

1）机台速度适中，在成型周期内做预备动作。

2）上下模具时要小心，不要撞到冲压机械手，不然极易形成机台电路短路或外形变形。

3）机台在使用过程中要定时保养，定时加注润滑油。

4）不要在多尘多油的工作环境中使用压力机。

5）不要在腐蚀性强的环境中使用压力机，腐蚀性的环境可能会影响压力机机械手的使用寿命。

案例97　精密振动送料盘

1. 案例说明

精密振动送料盘适用于精密零部件的自动送料，整体结构如图7-26所示，主要由过渡送料机构1、振动送料机构2、振动基台3、直道送料机构4和调节槽5等部件组成。振动送料机构的出料口与过渡送料机构的入料口相连接，过渡送料机构的出料口与直道送料机构的入料口相连接，过渡送料机构1包括弯道送料轨、直道送料轨、挡块调节件，振动送料机构的出料口与弯道送料轨的入料口相连接，弯道送料轨的出料口与直道送料轨的入料口相连接，直道送料轨的出料口与直道送料机构的入料口相连接，直道送料轨的底部固定在振动基台上，弯道送料轨的入料口位置固定有挡块调节件。精密振动送料盘具有自动化程度高，平稳性和工作效率高，结构紧凑，操作简单等优点。

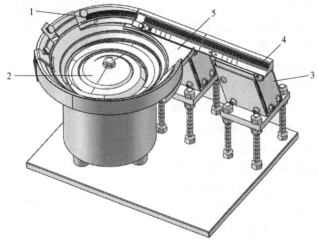

图7-26　精密振动送料盘

1—过渡送料机构　2—振动送料机构　3—振动基台　4—直道送料机构　5—调节槽

2. 工作原理

精密振动送料盘是一种精密零部件自动送料机构。精密振动送料盘工作时，首先将工件置于振动送料机构中，通过振动送料机构的振动将工件输送到过渡送料机构，再经过过渡送料机构的导向输送到直道送料机构中。

3. 主要机构介绍

振动送料机构如图7-27所示，振动送料机构通过底座2内部的伺服电动机产生持续的垂直振动，不断将产品送入送料轨道1。

过渡送料机构如图7-28所示，包括弯道送料轨1、直道送料轨2、挡块调节件3，弯道送料轨1的中间开设有用于适配工件凸纹面的弯道槽线组，使工件能够平稳运行。挡块调节件3可以调节工件的输送排列位置，减少工件的卡料问题。

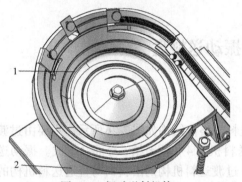

图7-27　振动送料机构
1—送料轨道　2—底座

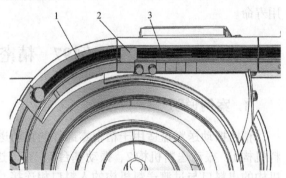

图7-28　过渡送料机构
1—弯道送料轨　2—直道送料轨　3—挡块调节件

振动基台如图7-29所示，通过振动的方式，带动直道送料轨的工件同步振动，将工件有序平稳地输送到直道送料机构1中。

4. 机械设计亮点

当工件经过弯道送料轨时，通过挡块调节件可以调节工件的排序位置，使工件可以有序平稳地移动到直道送料轨中，通过振动基台的振动，带动直道送料轨的工件同步振动，有序平稳地输送到直线送料机构中，通过上述过程，可使精密零部件的输送更加有序平稳。弯道送料轨的下方设有凸台，凸台为阶梯形结构，当工件刚从振动送料机构进入到弯道送料轨时，由于衔接位置不够平整，使工件的输送会有所波动，此时，通过凸台的限位作用，可以防止工件向下滑落。

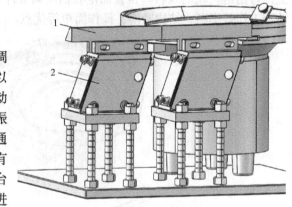

图7-29　振动基台
1—直道送料机构　2—振动基台

案例98　螺钉上料机构

1. 案例说明

螺钉上料机构适用于在生产过程中螺钉上料工序，整体结构如图7-30所示，主要由待料

区1、导向板2、回转机构3、限位板4和
找正机构5等部件组成。螺钉上料机构具
有结构简单、工作效率高、定位精度准确
等特点，很大程度上降低了人工成本。

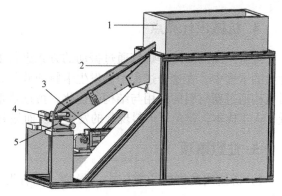

2. 工作原理

螺钉上料机构工作时，人工将螺钉
放入待料区，等待待料区的螺钉确认已
经放好，回转机构气缸的活塞杆连接转
轮，带动转轮进行回转运动，通过回转
运动来回吸取螺钉，导向板将吸取的螺

图7-30　螺钉上料机构

1—待料区　2—导向板　3—回转机构　4—限位板　5—找正机构

钉输送至限位板，找正机构对螺钉位置进行调整，找正完成后输送至下一工序。

3. 主要机构介绍

回转机构如图7-31所示，气缸3的活塞杆连接转轮2，转轮2与导向轮1通过限位槽4连接，回转机构工作时，气缸3运转，带动转轮2做往复运动，从而带动导向轮1做往复运动，不断将螺钉从待料区取出送至螺钉导向轨道5。

找正机构如图7-32所示，由气缸3驱动控制限位板2夹住螺钉，防止螺钉脱落。

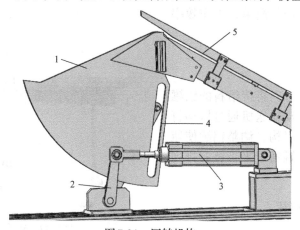

图7-31　回转机构

1—导向轮　2—转轮　3—气缸　4—限位槽　5—螺钉导向轨道

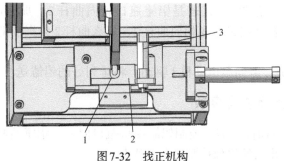

图7-32　找正机构

1—找正槽　2—限位板　3—气缸

4. 机械设计亮点

现有产品的缺陷是螺钉通过振动的方式进行上料，每次经过分度盘的转动，逐个进入分度盘的卡槽中，在这个过程中会发生卡料的故障，因此，工作效率低，维修频率高。螺钉上料机构通过新材料的应用与结构的优化，可逐步地吸取螺钉，而且定位准确，很大程度上降低了人工成本，避免了卡料现象的发生，从而显著的提高了螺钉输送效率。

5. 注意事项

1）所使用的螺钉应有较少的异物，没有混料、花头等缺陷，否则会造成机器工作不顺畅。

2）所选用的螺钉应是常用的、大量的、少种类的，以提高自动螺钉机的工作效益。

案例99　铝罐给料机

1. 案例说明

铝罐给料机适用于铝罐的给料运输，整体结构如图7-33所示，主要由振动输送机1、瓶口找正机构2、平带3和机架4等部件组成。铝罐给料机具有操作简单、工作效率高等优点。

2. 工作原理

铝罐给料机工作时，将待给料的铝罐置入振动输送机，振动输送机通过振动将铝罐传送至瓶口找正机构，调整铝罐使瓶口朝上，找正后的铝罐通过平带整齐排列并输往下一道工序。

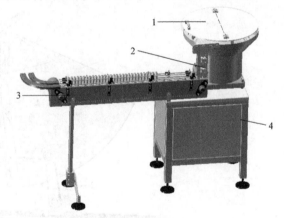

3. 主要机构介绍

瓶口找正机构如图7-34所示，振动输
送机1通过振动将铝罐传送至瓶口找正机

图7-33　铝罐给料机
1—振动输送机　2—瓶口找正机构　3—平带　4—机架

构3，瓶口找正机构3设有曲杆2，若是铝罐瓶口朝向曲杆2，那么曲杆2将会伸入瓶口，使瓶底先落往平带4；若是铝罐瓶底朝向曲杆2，那么曲杆2会直接抵住瓶底，使其落往平带4。

平带如图7-35所示，由伺服电动机1驱动，将排列好的铝罐送往下一工序。

4. 机械设计亮点及注意事项

1）铝罐给料存在方向性，需要控制铝罐保持瓶口向上，铝罐给料机通过瓶口找正机构使铝罐从振动输送机输出后始终保持瓶口向上状态。

2）铝罐给料机开始加载时，应逐渐提高进给速度，以使其最终达到额定输送能力。要保证进给应均匀，否则很容易造成输送物料的堆积和电动机的过载，从而损坏设备。

3) 在生产和使用期间，必须始终检查送料器的所有零件，以查看设备的紧固零件是否松动。如果发现，应及时固定以确保设备可以正常运行。

4) 每次起动机器前，都应检查螺钉，看是否松动。如果发现松动，请立即进行纠正。

5) 设备运行时，切勿卸下进给器的盖子，否则可能发生事故。

6) 如果在螺旋送料器的操作过程中发现异常现象，则必须首先检查并消除。如果未发现问题，请继续使设备运行。

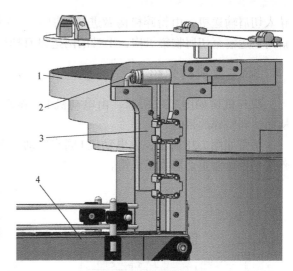

图7-34 瓶口找正机构

1—振动输送机 2—曲杆 3—瓶口找正机构 4—平带

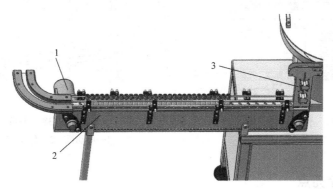

图7-35 平带

1—伺服电动机 2—平带 3—瓶口找正机构

案例100 切屑输送机

1. 案例说明

切屑输送机是将固体原料粉碎至要求尺寸并对其进行输送的机械，整体结构如图7-36所示，主要由平带1、进料口2、粉碎机构3、机架4和切屑收集机构5等部件组成。切屑输送机具有粉碎效果好、运输平稳等优点。

2. 工作原理

切屑输送机工作时，废料从进料口

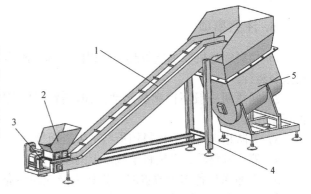

图7-36 切屑输送机

1—平带 2—进料口 3—粉碎机构 4—机架 5—切屑收集机构

导入切屑输送机,由粉碎机构做进一步加工,将废料粉粹成更小颗粒,粉碎后的碎屑由平带斜向上运输至切屑收集机构,平带的两边设有挡板,用于防止切屑掉落。

3. 主要机构介绍

粉碎机构如图7-37所示,由电动机1提供动力,通过带轮2控制两只辊轮3相向旋转,从而达到粉碎的目的。

平带如图7-38所示,由电动机1同步驱动,平带上设有刮板2,两侧设有挡板3,从而将碎屑平稳运输至切屑收集机构。

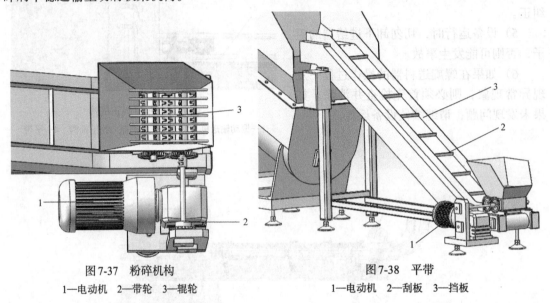

图7-37 粉碎机构
1—电动机 2—带轮 3—辊轮

图7-38 平带
1—电动机 2—刮板 3—挡板

4. 机械设计亮点

切屑输送机在粉碎物料的同时,还能对物料进行输送,而且粉碎效果好。可通过调节电动机转速达到控制物料流量的目的,物料在辊轮的作用下,粉碎彻底。物料收集机构底部设有重量感应器,可以随时得知收集斗中的物料重量,从而判断物料流量是否合适,也方便了物料的取用。

5. 注意事项

1)切屑输送机要求空载起动,以降低起动阻力,整台输送机空载运行5min后,方可进料重载运行。

2)输送机一般不得满载起动,如遇特殊情况需满载起动,应先清除平带上部分物料,再点动开机。

3)要防止进料斗的导料挡板与平带表面接触,导致平带表面磨损。

4)停止进料后,必须将承载段上的废料卸完后才能停止机器。

5)当输送设备露天放置时,操作人员应对设备的电动机、配电箱做好防水、防雨、防潮工作,或覆盖机械专用的防雨罩布。

参 考 文 献

[1] 陈宵燕. 工业机器人多模式标定及刚柔耦合误差补偿方法研究 [D]. 无锡：江南大学，2020.

[2] 金荣玉，耿云海. 空间机器人动力学奇异回避的笛卡儿轨迹规划 [J]. 宇航学报，2020，41 (8)：989-999.

[3] 倪瑞. 六自由度协作机器人建模与分析 [D]. 青岛：青岛大学，2020.

[4] 王江. 多关节机械臂路径规划和控制方法研究 [D]. 北京：北京化工大学，2020.

[5] 杨明，张如昊，张军，等. SCARA 四轴机器人控制系统综述 [J]. 电气传动，2020，50 (1)：14-23.

[6] 肖爽. 六自由度焊接机器人运动学及动力学研究 [D]. 乌鲁木齐：新疆大学，2019.

[7] 袁成志，杨传民，蔚俊，等. 码垛机器人的连杆参数优化 [J]. 包装工程，2021，42 (13)：225-229.

[8] 顾聪聪，刘送永，姚遥，等. 高速重载码垛机器人动力学仿真 [J]. 包装工程，2021，42 (7)：186-194.

[9] 霍天龙，张博. 基于速度最优的码垛机器人轨迹规划算法 [J]. 机电工程技术，2021，50 (2)：81-83.

[10] 刘华锋. 工业机器人分拣系统的设计 [J]. 锻压装备与制造技术，2020，55 (6)：69-72.

[11] 徐金章，王延飞. 码垛机器人关节结构的有限元分析及优化研究 [J]. 机电工程，2020，37 (9)：1089-1093.

[12] 陈润六，豆松杰，王红州，等. 一种码垛机器人运动分析与轨迹规划 [J]. 自动化应用，2020 (8)：77-79.

[13] 张凤英. 物联网下并联机械手级联式控制仿真 [J]. 计算机仿真，2020，37 (11)：348-351，449.

[14] 万子刚，张进. 基于优化位姿控制的并联液压机械手跟踪控制研究 [J]. 机床与液压，2020，48 (21)：57-61，44.

[15] 程瑞，吕海霆. 液压泵缸体专用分度转位夹具设计 [J]. 制造业自动化，2018，40 (1)：108-109，115.

[16] 朱家诚，殷祥狮，李臻. 单头转位式多功能坡口机设计研究 [J]. 机械工程与自动化，2015 (2)：117-118，121.

[17] 蔡琦，彭文明，卓才成，等. 三角木全自动批量裁切机设计 [J]. 林业机械与木工设备，2019，47 (5)：35-39.

[18] 熊朝山. 钢管圆锯机夹具优化设计 [J]. 包头职业技术学院学报，2019，20 (4)：6-8.

[19] 路笃存. 龙门型立平双锯头石材切割机的开发研制 [D]. 济南：山东大学，2018.

[20] 王浩宇. 基于 PLC 的切纸机控制系统设计 [D]. 大连：大连理工大学，2014.

[21] 马文明，武坤，杨娜，等. 伺服电子凸轮在切纸机切纸辊上的应用 [J]. 中国造纸，2017，36 (2)：49-52.

[22] 王素娥，郝鹏飞. 切纸机传动系统控制的策略 [J]. 纸和造纸，2013，32 (6)：24-27.

[23] 姜志艳，岳永杰. UV 固化炉反光罩及风冷系统的研究 [J]. 山西电子技术，2011 (2)：87-88，90.

[24] 张贵山. 基于胶版印刷的 LED-UV 印刷固化系统设计 [D]. 北京：北京印刷学院，2019.

[25] 王培学. UV 固化系统在印刷中的应用 [J]. 印刷杂志，2016 (3)：1-4.

[26] 王申莹，胡志超，CHEN C，等. 牵引式甜菜联合收获机自动对行系统设计与台架试验 [J]. 农业机械学报，2020，51 (4)：103-112，163.

[27] 王方艳，张东兴. 圆盘式甜菜收获机自动导向装置的参数优化与试验 [J]. 农业工程学报，2015，31 (8)：27-33.

[28] 何其芳，葛福来，沈玉晶，等. 几种引进甜菜收获机械的技术性能试验 [J]. 中国甜菜糖业，1982 (2)：48-62.

[29] 夏春艳，刘秀娟，程焰. 液体灌装机结构综述 [J]. 佳木斯大学学报（自然科学版），2000 (2)：176-179.

[30] 李文宇，李海龙，周益林，等. 全自动液体灌装机控制系统的设计与实现 [J]. 制造业自动化，2017，39 (1)：119-121.

[31] 刘成伟，闻娜，沈海军. 基于 PLC 的旋转型液体灌装机控制系统研究 [J]. 食品工业，2017，38 (12)：204-206.

[32] 侯曦. 熔融纺丝高速卷绕机复杂转子系统动力学研究 [D]. 上海：东华大学，2014.

[33] 张君浩. 高速卷绕机动力学分析和动平衡研究 [D]. 郑州：中原工学院，2018.

[34] 苏振. 高速卷绕机卷装成型技术的研究 [D]. 上海：东华大学，2012.

[35] 周波，李建松. 基于 PLC 的自动贴标封箱机设计 [J]. 包装与食品机械，2020，38 (6)：41-45.

[36] 闵杰，王琪，顾佳奇，等. 自动全方位纸箱折提封箱机的设计 [J]. 轻工机械，2016，34 (6)：77-80.

[37] 范华显，董澎浩，董文琪，等. 自适应封箱机的设计与研究 [J]. 机械传动，2017，41 (10)：173-177.

[38] 拜颖乾. 表面贴装 LED 全自动编带机视觉检测系统研制 [D]. 西安：西安工业大学，2013.

[39] 杨桂喜. 基于伺服控制的自动编带机转盘机构的研究 [D]. 天津：天津科技大学，2006.

[40] 刘少芳，单忠频，缪来虎，等. 全自动表面贴装 LED 编带机的研制 [J]. 电子机械工程，2008 (2)：19-22.

[41] 伍志祥. 自动取标贴标机的关键技术研究与设计 [D]. 无锡：江南大学，2013.

[42] 马博文，麦云飞. 一种新型贴标机贴标部分结构设计 [J]. 农业装备与车辆工程，2019，57 (12)：128-132.

[43] 罗序平. 综合型直线式不干胶自动贴标机设计及研究 [D]. 广州：广东工业大学，2017.

[44] 蒋卓，张春林，冯显富，等．超高速轮转式贴标机的关键技术［J］．包装工程，2017，38（21）：131-134.

[45] 徐晓华，马贵斌，陈优佳．高精度自动贴标机的研究及应用［J］．科技创新与应用，2019（26）：154-155.

[46] 刘会娟．多规格单元物料订单包件自动包装系统设计与仿真研究［D］．昆明：云南财经大学，2018.

[47] 唐家会．自动包装机械控制系统的研究与开发［D］．武汉：湖北工业大学，2017.

[48] 刘丽芳．饮料灌装生产线智能控制系统设计［J］．食品工业，2019，40（10）：233-236.

[49] 李响初，文根升．基于PLC的智能饮料灌装生产线监控系统设计［J］．仪表技术，2018（11）：35-37.

[50] 罗道坚．一种果酱灌装机的结构设计及主要部件优化［J］．农业技术与装备，2020（12）：16-17.

[51] 张柯，张琦．饮料食品定量灌装智能控制系统设计［J］．食品工业，2020，41（11）：229-232.

[52] 王友钊，周香琴，黄静，等．织机卷布机构的力学分析及其张力控制系统［J］．纺织学报，2013，34（11）：141-146，152.

[53] 战金玉，高月珍，孙玉梅．转换器控制的汽车感应发电机发电效率的优化控制［J］．微特电机，2017，45（6）：90-93.

[54] 刘立．多型号曳引机转子的共线装配自动化生产线研制［D］．广州：广东工业大学，2019.

[55] 杨大强．电梯曳引机智能制造技术的研究与应用［J］．中国电梯，2020，31（20）：17-19，26.

[56] 骆晓刚．上海三菱电梯智能制造进行时：曳引机整机智能装配线的设计与集成［J］．中国电梯，2019，30（8）：37-39.

[57] 刘阳，魏昕，卫亮．基于ANSYS/LS-DYNA的E型卡簧安装过程的动态仿真［J］．机电工程技术，2012，41（9）：64-66，74.

[58] 杨嘉琪．螺丝自动锁附分析及监控系统［D］．太原：太原理工大学，2020.

[59] 苏芹．以PLC为基础的锁螺丝自动化控制系统设计探讨［J］．计算机产品与流通，2020（3）：278.

[60] 孙品．基于机器视觉的全自动锁螺丝系统研制［D］．苏州：苏州大学，2018.

[61] 高云霞．提升交流电机定子制造质量的几项措施［J］．电机技术，2012（6）：51-52，56.

[62] 王嫦娟，曹明通，孙正凤，等．基于封装电动机定子绕组的模具研究［J］．煤炭工程，2006（10）：81-82.

[63] 刘文强．动车制动车轮自动装配线视觉系统的开发［D］．哈尔滨：哈尔滨工业大学，2018.

[64] 李富成．混合组装固体继电器工艺设计技术研究［D］．哈尔滨：哈尔滨工业大学，2017.

[65] 陈群燕．汽车减震器基本原理、发展现状和发展趋势［J］．冶金管理，2019（17）：51-52.

[66] 石小仕，姚娅川，董林鹭，等．改进型双工位螺丝锁付机器人设计［J］．机电工程，2020，37（2）：196-200.

[67] 时祖光，肖雨晴．微型全自动锁螺丝工作站的组成分析［J］．现代制造技术与装备，2019（5）：131，133.

[68] 覃羡烘，黄永程，杨斌．基于PLC的桌面型全自动锁螺丝机控制系统设计［J］．山东工业技术，2018（7）：5-6，48.

[69] 初国辉，常明尊．一种新型全自动打螺丝机的设计［J］．装备制造技术，2017（8）：259-260.

[70] 汪日超，张伟，徐佳济，等．电连接器接触件结构分析与结构参数优化设计［J］．机械制造与自动化，2021，50（3）：136-139.

[71] 苟群德，杨超君，王宏睿，等．基于PLC的六工位组合机床的控制系统设计［J］．组合机床与自动化加工技术，2009（7）：53-56.

[72] 聂小春，谭杰良．六工位钻孔攻丝机设计［J］．装备制造技术，2018（11）：27-30.

[73] 汪凯，尹瀚德．自动攻丝机控制系统的研究与应用［J］．电大理工，2020（3）：12-15，19.

[74] 周培，陈富林，李权．一种圆管内孔自动打磨机的设计［J］．制造技术与机床，2017（6）：117-119.

[75] 王宗跃．打磨机器人系统控制技术研究［D］．芜湖：安徽工程大学，2017.

[76] 葛鑫虎，许梦薇，谢军，等．长圆柱管道内壁打磨机设计与分析［J］．科技风，2020（30）：169-170.

[77] 郭铭．三工位五轴抛光机开发［D］．长春：吉林大学，2018.

[78] 余加伟．六轴四工位抛光机自适应恒压力磨削关键技术研究［D］．武汉：华中科技大学，2017.

[79] 冯友强．电子元件自动除尘设备开发与研究［J］．电子世界，2019（16）：114-116.

[80] 单根立，董沛森．基于PLC控制的多芯电缆全自动剥线设备设计及研究［J］．液压与气动，2019（8）：116-120.

[81] 沙美华，王居堂．接线端子级进模设计及应用［J］．模具制造，2011，11（11）：25-27.

[82] 江丙云．精密级进模冲压成形中连接器端子件偏摆及其控制研究［D］．镇江：江苏大学，2010.

[83] 张晓辉．专用数控铣床的研究设计［D］．重庆：重庆大学，2013.

[84] 张疆平．数控铣床整机有限元分析及结构优化［D］．长春：长春工业大学，2016.

[85] 宁腾飞．数控铣床伺服系统的故障诊断系统设计与研究［D］．长春：长春工业大学，2016.

[86] 赵永豪．小型高速数控铣床的研发［D］．广州：华南理工大学，2013.

[87] 李爽. 数控铣床工装夹具的设计及改进 [J]. 黑龙江科学，2019，10（8）：84-85.

[88] 任长清，娄月轩，杨春梅，等. 基于PLC的小径木圆锯机进出料台控制系统研究 [J]. 现代电子技术，2021，44（1）：127-131.

[89] 张洋. 基于FDM技术的3D打印机机械结构设计及控制系统研究 [D]. 长春：长春工业大学，2017.

[90] 张自强. 基于FDM技术3D打印机的设计与研究 [D]. 长春：长春工业大学，2015.

[91] 刘子贵. 液压扩管机控制系统的设计 [J]. 机电工程技术，2014，43（6）：93-95，143.

[92] 阎红庆. 全自动立式胀管机研制 [J]. 机械设计与制造，1999（5）：53-55.

[93] 熊春英，张亚舫，罗学泉，等. 国产化材料车轮钢圈焊接工艺的确定 [J]. 机械工程材料，2014，38（12）：50-53，86.

[94] 吴志刚. 汽车密封条挤出成形模拟仿真与口模优化设计 [D]. 贵阳：贵州大学，2015.

[95] 邹妮娴. 一种新型冲切机的设计 [J]. 机械强度，2013，35（1）：116-118.

[96] 毛建旭，李明，周博文，等. 汽车挡风玻璃定位与支架粘合视觉检测系统的设计与实现 [J]. 电子测量与仪器学报，2017，31（3）：343-352.

[97] 李明. 汽车挡风玻璃视觉定位涂胶和支架粘合检测系统研究 [D]. 长沙：湖南大学，2017.

[98] 张绍杰，冀永曼. 汽车连杆加工工艺的设计 [J]. 湖南农机，2012，39（7）：50-51.

[99] 冯如意. 一种新型发动机裂解式连杆大小头孔精加工数控机床 [J]. 中国高新技术企业，2017（8）：21-22.

[100] 田少阳. 飞机零件清洗工艺研究及设备研制 [D]. 大连：大连理工大学，2013.

[101] 司徒莹，叶剑成. 基于PLC的小零件流水线清洗控制系统 [J]. 自动化技术与应用，2016，35（9）：62-65，74.

[102] 李曙生. 气动盘式自动钻孔机的设计 [J]. 机床与液压，2006（4）：146-148.

[103] 唐丽. USB3.0接口测试方法的研究与实现 [D]. 成都：电子科技大学，2018.

[104] 安云凤. 基于机器视觉的压力容器气密性检测系统设计 [D]. 杭州：浙江理工大学，2016.

[105] 凤彦臣，聂家立. 气密性测试技术在生产中的应用 [J]. 中国计量，2019（5）：108-110.

[106] 范丽. 电池性能在线检测系统的研究与设计 [D]. 西安：西安工业大学，2014.

[107] 王嘉炜，余炳延. 简析如何提高电控产品的检测工作质量 [J]. 技术与市场，2020，27（8）：58-59.

[108] 王志杰，余丽武，施政苏. 电阻应变测量技术 [J]. 江苏建材，2019（3）：14-15.

[109] 李盼菲. 电阻应变测量中提高精度的方法研究 [J]. 计量与测试技术，2019，46（12）：62-64.

[110] 兰晓静. 基于PLC控制器的焊锡机自动焊接的实现 [J]. 制造业自动化，2013，35（8）：132-135.

[111] 徐伟，季琪辉. 自动焊锡机控制系统设计 [J]. 常熟理工学院学报，2016，30（2）：56-59.

[112] 唐斌，梁伟全. 一种自动焊锡机的设计 [J]. 自动化应用，2014（7）：50-51，53.

[113] 夏裕俊. 汽车车身中频电阻点焊过程稳定性在线评价 [D]. 哈尔滨：哈尔滨工业大学，2016.

[114] 宁宇. 基于数字化工厂的轿车地板焊装线的混流设计与规划 [D]. 长春：吉林大学，2011.

[115] 李舜尧. 适用于铝导线超声波焊接的铜端子结构标准化设计探讨 [J]. 汽车零部件，2020（8）：15-21.

[116] 杨文明. 视觉引导在机器人自动焊接中的应用研究 [D]. 吉林：东北电力大学，2015.

[117] 田媛. 机器人管板自动焊接系统关键技术研究 [D]. 无锡：江南大学，2016.

[118] 邱玮杰，王瑞权. 机器人自动焊接工作站设计与应用 [J]. 焊接技术，2019，48（3）：64-66.

[119] 杨鸣亮. 热熔机自动上下料装置的设计与研究 [J]. 南方农机，2017，48（19）：36-37.

[120] 徐长航，吕涛，陈国明，等. 自升式平台齿轮齿条升降机构错齿优化动力学分析 [J]. 机械工程学报，2014，50（19）：66-72.

[121] 石桐宁. 剪叉式升降机构稳定性分析与结构优化 [D]. 哈尔滨：哈尔滨理工大学，2017.

[122] 王忠，陈兴忠，周晓芳，等. PLC在葡萄酒灌装线拆垛机上的应用 [J]. 天津农业科学，2014，20（3）：76-80.

[123] 洪琳，孙宇，曹春平. 多工位送料机械手的机构设计及电机同步控制 [J]. 锻压技术，2018，43（6）：89-93.

[124] 吴峰. 送料机械手与伺服压力机协调控制的研究 [D]. 武汉：湖北工业大学，2017.

[125] 丁锦宏. 连续冲压自动送料机械手的设计与应用 [J]. 机床与液压，2019，47（19）：100-103，124.

[126] 周玉明. 冲压生产线自动送料装置设计与仿真分析 [D]. 重庆：重庆大学，2016.

[127] 戴世宇. 自适应压电振动盘控制系统设计与实现 [D]. 杭州：杭州电子科技大学，2015.

[128] 张良. 振动盘结构强度分析及结构参数优化 [D]. 沈阳：东北大学，2013.

[129] 林钟卫，王琴，罗准，等. 螺丝自动上料装置的设计与研究 [J]. 机械工程师，2021（3）：104-107，110.

[130] 李志强. 重型机加工车间切屑自动化物流系统的分析研究 [D]. 北京：机械科学研究总院，2010.

[131] 贾军风. 料场堆取料带式输送机系统节能优化问题的研究 [D]. 沈阳：东北大学，2011.